重庆市高等教育教学改革与研究重点课题(项目编号:162095)成果教材
重庆交通职业学院—同济大学中德职业教育合作项目学习领域课程改革教材
重庆交通职业学院AHK中德双元制本土化项目学习领域课程改革教材
校企合作、产教融合型课程改革教材

Jixie Zhizao Gongyi Bianzhi ji Shishi
机械制造工艺编制及实施
——工作过程系统化的学习领域课程

主 编 熊如意 陈光清
主 审 林 松(同济大学)

人民交通出版社股份有限公司
北 京

内 容 提 要

本教材内容以项目为导向、工作任务为引领和驱动,以真实企业产品的零部件为项目载体模拟真实工作情景,项目载体覆盖典型零件,包括套筒零件机械加工工艺编制及实施、阶梯轴零件机械加工工艺编制及实施、齿轮零件机械加工工艺编制及实施和平面类零件机械加工工艺编制及实施。根据典型机械零件工艺特点和工艺员岗位的工作过程,开发设计了以工作过程、行为为导向的学习领域课程,具有明显的职业特色,实现了实践技能理论知识、职业能力多维的整合,将工作环境与学习环境有机地结合在一起。

本教材适合高等职业教育机电类专业学生使用,也可供相关企业的职工培训使用,以及有关工程技术人员参考。

图书在版编目(CIP)数据

机械制造工艺编制及实施：工作过程系统化的学习领域课程 / 熊如意, 陈光清主编. — 北京：人民交通出版社股份有限公司, 2020.3
ISBN 978-7-114-16284-8

Ⅰ.①机… Ⅱ.①熊… ②陈… Ⅲ.①机械制造工艺 Ⅳ.①TH16

中国版本图书馆 CIP 数据核字(2020)第 032897 号

书　　名：	机械制造工艺编制及实施——工作过程系统化的学习领域课程
著 作 者：	熊如意　陈光清
责任编辑：	郭晓旭
责任校对：	孙国靖　扈　婕
责任印制：	刘高彤
出版发行：	人民交通出版社股份有限公司
地　　址：	(100011)北京市朝阳区安定门外外馆斜街 3 号
网　　址：	http://www.ccpress.com.cn
销售电话：	(010)59757973
总 经 销：	人民交通出版社股份有限公司发行部
经　　销：	各地新华书店
印　　刷：	北京市密东印刷有限公司
开　　本：	787×1092　1/16
印　　张：	13.5
字　　数：	321 千
版　　次：	2020 年 3 月　第 1 版
印　　次：	2020 年 3 月　第 1 次印刷
书　　号：	ISBN 978-7-114-16284-8
定　　价：	40.00 元

(有印刷、装订质量问题的图书由本公司负责调换)

编委会

主　编　熊如意　陈光清
副主编　张文礼　程　鹏　严　豪　刘　飞
参　编　刘　毓　杨志刚　王　宏
　　　　　卢江林　张　茂　程礼宏
主　审　林　松

前 言
Foreword

　　本教材是重庆市高等教育教学改革与研究重点课题(项目编号:162095)成果教材、重庆交通职业学院—同济大学中德职业教育合作项目学习领域课程改革教材及重庆交通职业学院AHK中德双元制本土化项目学习领域课程改革教材。在教材编写过程中,通过校企合作,将企业真实生产过程进行教育学的处理,形成基于工作过程的学习领域课程教材。该教材以机械零件的机械加工工艺编制及实施为主线,融合了基于工作过程排序的学科知识库和基于六步教学法的学习工作页,着重于工艺的编制与实施能力训练,同时将方法能力、社会能力等综合职业能力融入课程教学全过程。本教材特点如下:

　　第一,整合机械制造工艺理论知识和实践知识,以机械零件的加工工艺编制能力为主线,零件的加工和检测为辅线,相关金属切削和制造工艺知识为支撑的思路,注重理论联系实际,突出应用。每一项目都具有拓展训练项目,有利于帮助学生进行项目迁移能力训练和掌握相关知识,提高解决工程问题的能力。

　　第二,突出各个学习情境载体之间的关联性,本书内容以真实的企业生产产品的零部件为项目载体,以信息、计划、决策、实施、控制和评价的六步教学法为手段,以完整的工作过程为导向,构建知识、技能和综合职业能力的一体化的学习领域课程模式。

　　第三,本书突出的特色在于校企深度合作,深化产教融合。得力于重庆重齿机械有限责任公司陈光清研究员级高级工程师、刘毓高级工程师、人力资源部刘飞部长及该公司重庆市劳模创新示范工作室、首席技能大师工作室的大力参与,完成了本书项目的选取和素材构建,保证教材能够对接到企业的生产过程,真正做到产教融合。

　　在本书编写过程中,大江信达车辆股份有限公司的研究员级高级工程师蒋世清,中船重工集团江增船舶重工有限责任公司高级工程师周东,ABB(江津)涡轮增压系统有限公司制造部经理、高级工程师周红旗,重庆交通职业学院高级工程师张文礼、杨志刚教授、高级工程师严豪、工程师张茂对本书的编写提出了许多宝贵的意见和建议,人民交通出版社股份有限公司也给予了热情的帮助和指导,在此表示衷心的感谢!

  本教材由重庆交通职业学院中德职业教育合作项目负责人熊如意担任第一主编,重庆重齿机械有限公司高级工程师陈光清担任第二主编,由高级工程师张文礼、程鹏、严豪、刘飞担任副主编,由刘毓、杨志刚、王宏、卢江林、张茂、程礼宏担任参编。本教材由同济大学中德学部德国 Contact – Software 基金教席主任林松教授担任主审。

  由于编者水平有限,书中难免有疏漏和不妥之处,殷切希望读者和各位同仁提出宝贵意见。

熊如意

二〇一九年一月

目录 Contents

模块一　机械制造工艺编制基础知识 ········· 1
　一、机械制造过程、工艺过程与工艺系统 ········· 1
　二、生产过程与生产系统 ········· 2
　三、机械加工工艺过程及其组成 ········· 3
　四、生产纲领和生产类型 ········· 5
　五、基准与定位 ········· 7
　六、机械加工工艺规程 ········· 19
　学习情境1　机械制造工艺基础 ········· 37

模块二　套筒零件机械加工工艺编制及实施 ········· 40
　示教项目导入 ········· 40
　主线任务　轴承套零件的机械加工工艺编制 ········· 41
　　任务2.1　零件图图样分析 ········· 41
　　任务2.2　毛坯选择 ········· 43
　　任务2.3　工艺过程设计 ········· 45
　　任务2.4　机械加工工艺卡编制 ········· 50
　辅线任务　轴承套零件的加工与检测 ········· 70
　　任务2.5　轴承套零件的加工与检测 ········· 70
　学习情境2　套筒零件的加工 ········· 76
　拓展训练项目导入 ········· 91

模块三　阶梯轴零件机械加工工艺编制及实施 ········· 93
　示教项目导入 ········· 93
　主线任务　阶梯轴零件的机械加工工艺编制 ········· 94
　　任务3.1　零件图图样分析 ········· 94
　　任务3.2　毛坯选择 ········· 96
　　任务3.3　工艺过程设计 ········· 99
　　任务3.4　机械加工工艺卡编制 ········· 101

辅线任务　阶梯轴零件的加工与检测……………………………………………115
　　　　任务3.5　阶梯轴零件的加工和检测………………………………………115
　　学习情境3　阶梯轴零件的加工…………………………………………………118
　　拓展训练项目导入…………………………………………………………………131

模块四　齿轮零件机械加工工艺编制及实施………………………………………132
　　示教项目导入………………………………………………………………………132
　　主线任务　齿轮零件的机械加工工艺编制………………………………………133
　　　　任务4.1　零件图图样分析…………………………………………………133
　　　　任务4.2　毛坯选择…………………………………………………………135
　　　　任务4.3　工艺过程设计……………………………………………………137
　　　　任务4.4　机械加工工艺卡编制……………………………………………142
　　辅线任务　齿轮零件的加工与检测………………………………………………147
　　　　任务4.5　齿轮零件的加工与检测…………………………………………147
　　学习情境4　齿轮零件的加工……………………………………………………149
　　拓展训练项目导入…………………………………………………………………162

模块五　平面类零件机械加工工艺编制及实施……………………………………163
　　示教项目导入………………………………………………………………………163
　　主线任务　平面类零件的机械加工工艺编制……………………………………164
　　　　任务5.1　零件图图样分析…………………………………………………164
　　　　任务5.2　毛坯选择…………………………………………………………166
　　　　任务5.3　工艺过程设计……………………………………………………167
　　　　任务5.4　机械加工工艺卡编制……………………………………………177
　　辅线任务　平面类零件的加工与检测……………………………………………188
　　　　任务5.5　平面类零件的加工与检测………………………………………188
　　学习情境5　平面类零件的加工…………………………………………………191
　　拓展训练项目导入…………………………………………………………………205

参考文献……………………………………………………………………………………206

模块一　机械制造工艺编制基础知识

1. 了解机械制造过程、工艺过程、工艺系统；
2. 了解生产过程；
3. 了解机械加工工艺过程概念；
4. 了解工序、工步、走刀、装夹和工位概念；
5. 了解生产纲领和生产类型的概念；
6. 了解工序、工步划分的依据，基准与定位，尺寸链，机械零件加工工艺规程的概念、作用、制订的原则及步骤。

一、机械制造过程、工艺过程与工艺系统

产品的生产过程主要划分为 4 个阶段，即新产品开发、产品制造、产品销售和售后服务阶段。其中，产品制造过程是依据技术要求将原材料转化为实物零件、部件或整台产品的一系列活动的总称。图 1-1 所示为产品制造的技术过程和经济过程。

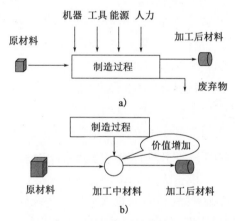

图 1-1　产品制造的技术过程和经济过程
a）技术过程；b）经济过程

机械制造系统是完成制造过程的各种装置的总和，图 1-2 表示的是汽车从原材料到整车出厂的整个制造过程。在机械制造中，将毛坯、工件、刀具、夹具、量具和其他辅助物料作为"原材料"输入机械制造系统，经过存储、运输、加工装配、检测等环节，最后作为机械加工后的成品输出，形成"物料流"。由加工任务、加工顺序、加工方法，物料需求、调试、管理等属于"信息"范畴的形成"信息流"。制造过程必然消耗各种形式的能量，机械制造系统中能量的消耗及其流程则被称为"能量流"。

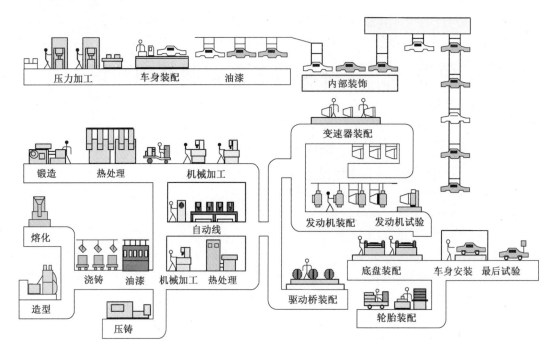

图1-2 汽车制造过程

工艺过程是指在制造过程中改变生产对象的形状、尺寸、相对位置和物理、力学性能等,使其成为成品或半成品的过程。根据具体内容,工艺过程分为铸造、锻造、焊接、机械加工、热处理、表面处理、装配等不同的工艺过程。

机械加工中,由机床、刀具、夹具和工件组成的相互作用、相互依赖且具有特定功能的有机整体,称为机械加工工艺系统,简称为工艺系统。由它完成零件制造、加工或装配。工艺系统的整体目标是在特定生产条件下,适应环境要求,在保证机械加工工件质量和生产率的前提下,采用合理的工艺过程,并尽可能降低工序的加工成本。

二、生产过程与生产系统

不同的企业从自身的实际条件、外部环境等方面综合考虑,组织产品生产的模式主要有以下3种:

(1)生产全部零部件,组装产品(机器),即大而全的传统模式。

(2)生产一部分关键的零部件,其余的由其他企业外协供应,再组装整台产品。

(3)完全不生产零部件,零部件靠外协加工,购回后装配产品,即所谓大配套模式。

生产过程是指将原材料转变为成品的全过程。它包括:原材料运输、保管与准备,产品的技术、生产准备,毛坯的制造,零件的机械加工及热处理,部件及产品的装配、检验、调试、油漆、包装,以及产品的销售和售后服务等。

机械工厂的生产过程是以整个机械制造工厂为整体,为了实现最有效的经营管理,以获得最高的经济效益,因此,不仅要把原材料、毛坯制造、机械加工、热处理、装配、油漆、试车、包装、运输和保管等属于物质范畴的因素作为要素来考虑,而且还必须综合分析和考虑技术情报、经营管理、劳动力分配、资源和能源利用、环境保护、市场动态、经济政策、社会问题和国际因素等,由此而形成的比制造系统、工艺系统更大的总体系统称为生产系统,如图1-3所示。生产系统中,同样有物质流、能量流和信息流等子系统贯穿于其中,而且比制造系统更为复杂和庞大。生产系统将一个有机的企业整体划分出不同的层次结构,它决定了企业人员的组配、人事、管理等组织架构。

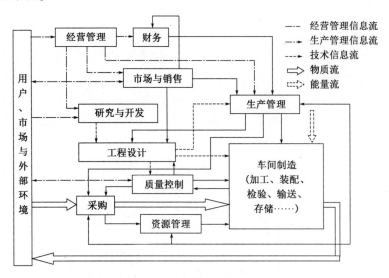

图1-3　生产系统基本框图

三、机械加工工艺过程及其组成

1. 机械加工工艺过程

机械加工工艺过程是指用机械加工的方法改变毛坯的形状、尺寸、相对位置和性质,使其形成零件的全过程。从广义上来说,特种加工(包括电加工、超声波加工、激光加工、电子束加工及离子束加工)也是机械加工工艺过程的一部分,然而其实质不属于切削加工范畴。机械加工工艺过程直接决定零件及产品的质量和性能,对产品成本、生产周期都有较大影响,是整个工艺过程的重要组成部分。

2. 机械加工工艺过程的组成

机械加工工艺过程一般由一个或若干个工序组成,而工序又可分为安装、工位、工步和走刀等,它们按一定顺序排列,逐步改变毛坯的形状、尺寸和材料的性能,使之成为合格的零件。

1) 工序

工序是指由一个(或一组)工人在一个工作地点(或一台机床上)对同一个零件(或一组零件)进行加工所连续完成的那部分工艺过程。

工序是工艺过程的基本单元。

工作地点、工人、零件和连续作业是构成工序的4个要素,其中任一要素的变更即构成新工序。连续作业是指在该工序内的全部工作要不间断地接连完成。

也就是说,划分工序的主要依据是:零件加工过程的工作地(或设备)是否变动、人员是否变动、零件是否变动及是否连续加工,若有变动或不连续完成表面加工,则构成了另一道工序。

2)安装

安装是指工件经过一次装夹后所完成的那一部分工艺内容。装夹是指在工件在机床或夹具上先占据一正确位置,然后再夹紧的过程。在一道工序中,工件可能被装夹一次或多次才能完成加工。工件在加工过程中应尽可能减少安装次数,从而减少安装工件的辅助时间并避免安装误差。

3)工位

工件在一次安装下相对于机床每占据一个加工位置所完成的那部分工艺过程,称为工位。

为了减少工件的安装次数,在大批量生产时,常采用各种回转工作台、回转夹具或移动夹具,使工件在一次安装中先后处于几个不同位置进行加工。工位又可分为单工位和多工位。图 1-4 所示为一种回转工作台,可在一次安装中依次完成装卸工件、钻孔、扩孔和铰孔 4 个工位。

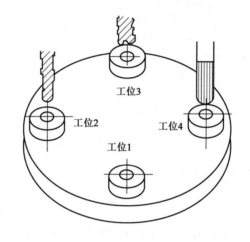

图 1-4　多工位加工
工位 1-装卸工件;工位 2-钻孔;工位 3-扩孔;工位 4-铰孔

4)工步

加工表面、切削工具、切削速度和进给量都不变的情况下,所连续完成的那一部分工序,称为工步。

应该说明的是,构成工步的因素有加工表面、刀具、切削速度和进给量,它们中的任一因素改变后,一般就变成了另一个工步。

有时为了提高生产率,用几把不同刀具同时加工几个不同表面,此类工步称为复合工步,如图 1-5 所示。在工艺文件上,复合工步视为一个工步。

5)走刀

在一个工步中,若被加工表面要切除的金属层很厚(即加工余量较大),则需要分几次切削,需要同一切削用量(仅指转速和进给量)下对同一表面进行多次切削,则每进行一次切削就是一次进给,也称为走刀。

工序与夹装、工位及工步、走刀之间的关系,见图 1-6。

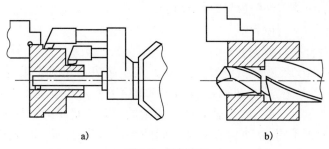

图 1-5　复合工步

a)立轴转塔车床的一个复合工步；b)钻孔、扩孔复合工步

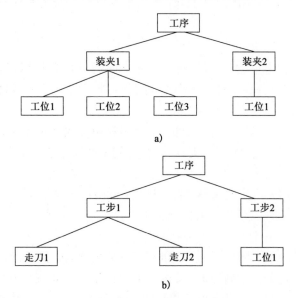

图 1-6　工序与夹装、工位及工步、走刀之间的关系

a)工序、装夹、工位之间的关系；b)工序、工步、走刀之间的关系

四、生产纲领和生产类型

工艺过程的要求是优质、高产和低消耗。由于产品的种类和数量不同，其合理的工艺路线也大不相同。

机械产品的制造工艺不仅和产品的结构、技术要求有很大关系，而且也与企业的生产类型有较大关系，而企业的生产类型是由企业的生产纲领来决定的。

1. 生产纲领

生产纲领是指工厂的生产任务，其内容包括产品对象（结构型号和类别）、全年或季度或每月的产量。产品中某零件的生产纲领，除了年生产计划外，还必须包括它的备品量及平均废品量，即零件的生产纲领按式(1-1)计算：

$$N = Qn(1+\alpha\%)(1+\beta\%) \tag{1-1}$$

式中：N——零件的生产纲领（年产量）（件/年）；

Q——产品的生产纲领（年产量）（台/年）；

n——每台产品中该零件的数量(件/台);

α——备品的百分率(件/台);

β——废品的百分率(件/台)。

生产纲领对工厂的生产过程、工艺方法和生产组织起决定性的作用,包括决定各工作地点的专业化程度、所用工艺方法、机床设备和工艺装备(工艺装备是指刀具、夹具、量具、辅助工具和物料输送装置等),因此,也就对产品的优质、高产、低消耗问题起决定性作用。同一种产品由于生产纲领不同,就可以有完全不同的生产过程,因此,研究产品的制造工艺就必须了解各种生产类型的工艺特点。由于产品的结构与工艺有密切关系,所以对产品设计者来说,也必须根据所设计产品的生产类型的工艺特点,合理地确定其结构形状和技术要求。

2. 生产类型

生产类型是企业生产专业化程度的分类,对工艺过程的规划与制订有较大的影响。根据投产的特点,企业的生产可分为三种基本类型:单件生产、大量生产和成批生产。

1) 单件生产

其特征是:每种产品只生产一件或几件,而且不再重复投产或不定期地重复投产。如各种试制产品、机修零件、某些专用量具、夹具、模具等的生产属于这一生产类型。

2) 大量生产

其特征是:长时间内只生产同一种产品,这些产品多为应用广泛、产量很大、已经定型了的产品。标准件生产是零件大量生产的典型例子。

3) 成批生产

其特征是:产品分批进行生产,经过一定时期后,又交替地重复进行。其在产量较大时,接近大量生产;在品种较多、产量较小时,又接近单件生产。如航空发动机的涡轮叶片和压气机叶片的生产常为成批生产。成批生产可以进一步分为大批生产、中批生产和小批生产三种。目前,航空产品主要零件的生产一般属于小批生产类型。

通常,生产类型可以按工作地的专业化程度或产品(零件)的年产量来进行划分,而尤以后者较为简单、常用。生产类型的划分见表1-1和表1-2。

生产类型划分(一)　　　　　　　　　　　　　表1-1

工作地生产类型	固定于工作地的工序数目
大量生产	1~2
大批生产	2~10
中批生产	10~20
小批生产	20~40
单件生产	40以上

随着科学技术的发展进步,产品更新换代的周期越来越短,品种规格越来越多,多品种小批量的生产类型呈发展趋势。电子计算机技术的迅猛发展及数控机床和柔性制造系统的应用,为产品多品种小批量的生产自动化开拓了广阔的前景。

生产类型划分（二）　　　　　　　　　表1-2

生产类型		零件的年产量(件)		
		重型零件	中型零件	轻型零件
单件生产		<5	<10	<100
成批生产	小批量	5~100	10~200	100~500
	中批量	100~300	200~500	500~1000
	大批量	300~1000	500~5000	5000~50000
大量生产		>1000	>5000	>50000

生产类型不同，生产组织、设备布局、毛坯制造及机床、刀具的配置等方面就均有不同；生产类型还影响着制订工艺过程的繁简程度。对于简单零件的单件生产，一般只制订工艺路线；而对于重要零件的单件生产、各类零件的成批和大量生产，就要制订详细的工艺规程，以免造成质量事故和经济损失。各种生产类型的特征见表1-3。

各种生产类型的特征　　　　　　　　　表1-3

项目	单件(小批量)生产	成批生产	大量生产
加工产品	经常变换	周期性变换	长期加工一种零件
机床设备及布局	通用(万能)设备机群式分布	通用及部分专用设备，工段式分布	专用设备或自动线设备
毛坯	铸件:木模、手工造型锻件:自由锻	铸件:手工及部分金属模造型等；锻件:模锻	铸件:金属模机器造型、压力铸造等；锻件:模锻
安装方式	直接或划线找正	部分找正	不需找正
刀具和量具	一般刀具，通用量具	部分专用刀具，部分专用量具	广泛使用高效率的专用刀具和量具
夹具	通用或组合夹具	通用或专用夹具相结合	广泛使用高效的专用夹具
工作方式	试切与测量多次交替进行	定距加工控制工件尺寸与试切、测量加工相结合	自动化程度高，自动控制尺寸
互换性	采用标准的公差、配合件有互换性，配制件无互换性	绝大部分完全互换，少量分组装配或修配	完全互换
对工人的技术要求	高	较高	完全互换
对工艺规程的要求	简单件:工艺路线卡片;重要件、复杂件:较详细的工艺规程	一般应制订较详细的工艺规程	详细的工艺规程(如工序卡片)和其他工艺文件

五、基准与定位

1.基准的概念

零件的各种不同的形状，是由许多表面以各种不同的组合形式构成的，各表面之间有一定的尺寸和相互位置要求。基准是确定零件（或部件）上某些点、线、面的位置时所依据的点、线、面，即基准是零件本身上的或者是与零件有关的面、线或点，根据这些面、线或点来确定零件上的另一些面、线或点的位置。

1）设计基准

设计基准是标定零件设计图上的某些面、线或点的位置时所依据的面、线或点。零件图上标出的尺寸称为设计尺寸。设计人员从零件在产品中的工作性能出发，在零件图上用一定的尺寸或相互位置关系要求，来确定各表面的相对位置。

在图1-7所示的轴套中，轴线 $O—O$ 是内孔的设计基准，端面 A 是端面 C 及台阶面 B 的设计基准，内圆表面 D 的轴线是外圆表面的设计基准。

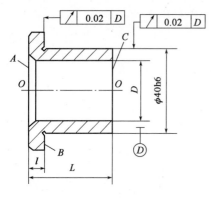

图1-7 轴套零件图

2）工艺基准

工艺基准是在制造零件和安装机器的过程中所使用的基准。按用途不同可分为以下四种：

（1）定位基准：是指在加工时，工件在机床或夹具中定位用的基准。例如，轴类零件常用顶尖孔作为车磨工序的定位基准。若作为定位基准的表面是加工过的面，则称为精基准；若是未加工过的面，则称为粗基准。

当工件上没有合适的表面作为工艺基准时，为满足工艺需要，有时在工件上专门做出定位基准面，这种定位基准称为辅助基准。例如，轴类零件的中心孔。

（2）测量基准：是指零件检验时，用于测量被加工表面的尺寸和位置的基准。如图1-7所示，轴套内孔 D 是检验台阶面 B 端面跳动和 $\phi40h6$ 外圆径向跳动的测量基准，台阶面 A 是检验长度尺寸 l 和 L 的测量基准。

（3）装配基准：是指装配时用于确定零件在部件或产品中位置的基准。如上述轴套用内孔作为装配基准。

（4）工序基准：在工序图上，用以确定本工序被加工面加工后的尺寸、形状、位置的基准称为工序基准（图1-8）。其所标注的加工面的尺寸称为工序尺寸。

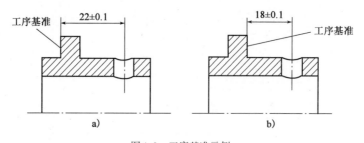

图1-8 工序基准示例

为了便于掌握上述关于基准的分类，可归纳为图1-9所示内容。

2. 工件的安装方式

在机床上加工工件时，为了使该工序加工的表面能达到图纸规定的尺寸、几何形状以及与其他表面的相互位置精度等技术要求,在加工前,必须先将工件装好、夹牢。工件装夹的实质,就是机床上对工件进行定位和夹紧。装夹工件的目的,则是通过定位和夹紧而使工件在加工过程中始终保持其正确的加工位置,以保证达到该工序所规定的加工技术要求。

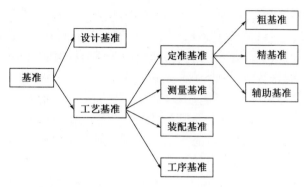

图1-9 基准分类框图

1) 直接找正的定位安装

对于形状简单的工件,可以采用直接找正的定位安装方法,即用划针、百分表或目测在机床上直接找正工件的位置。例如,在磨床上加工一个与外圆表面有同轴度要求的内孔,如图1-10a)所示。加工前将工件装在四爪单动卡盘上,用百分表直接找正外圆表面,即可获得工件的正确位置。又如,在牛头刨床上加工一个同工件底面及侧面有平行度要求的槽,如图1-10b)所示。用百分表找正工件的右侧面,即可使工件获得正确的位置。直接找正装夹工件时的找正面即为定位基准面。直接找正的安装生产率低,对工人技术水平要求高,因此,一般只适用于以下两种情况:

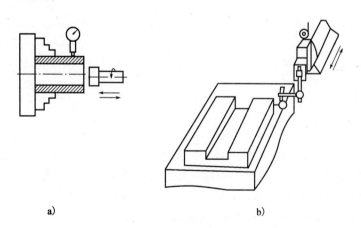

a)   b)

图1-10 工件安装方法(一)
a)磨孔时直接找正;b)刨削时直接找正

(1) 工件批量小,采用夹具不经济时。这种方法通常在单件小批量生产的工车间,以及修理、试制、工具车间中得到应用。

(2)对工件的定位精度要求特别高(小于 0.005~0.01mm),而采用夹具不能保证其精度时,只能用精密量具直接找正定位。

2)划线找正的定位安装

对于形状复杂的零件(如车床主轴箱),采用直接安装找正法会顾此失彼,这时就有必要按照零件图在毛坯上先划出中心线、对称线及各待加工表面的加工线,然后按照划好的线找正工件在机床上的位置,如图 1-11 所示。此时用于找正的划线,即为定位基准。对于形状复杂的工件,通常需要经过几次划线。划线找正的定位精度一般只能达到 0.2~0.5mm。划线加工需要技术高的划线工,而且费时,因此,它只适用于以下 3 种情况:

(1)生产批量不大,形状复杂的铸件。
(2)在重型机械制造中,尺寸和质量都很大的铸件和锻件。
(3)毛坯的尺寸公差很大,表面很粗糙,一般无法直接使用夹具时。

3)利用夹具进行安装

加工生产批量较大的零件时,为了保证加工精度,提高效率以及减轻工人的劳动强度,采用夹具进行安装,如图 1-12 所示。

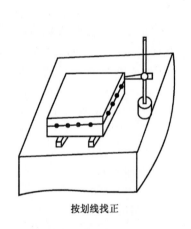

按划线找正

图 1-11 工件安装方法(二)

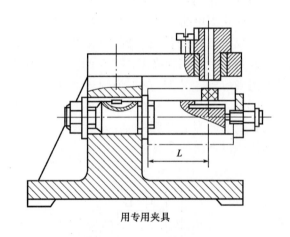

用专用夹具

图 1-12 工件安装方法(三)

3. 定位基准的选择

定位基准选择得正确与否关系到拟订工艺路线和夹具结构设计是否合理,并影响到工件的加工精度、生产效率和成本。因此,定准基准的选择是制订工艺规程的主要内容之一。定位基准又分为粗基准、精基准和辅助基准。

1)粗基准的选择

在第一道工序加工时,只能选择未加工过的毛坯表面定位,即粗基准,为使所有加工表面都有足够的加工余量和保证各加工表面对不加工表面具有一定的位置精度,粗基准选择应遵守以下原则:

(1)选择工件上的不加工表面作为粗基准。

如果零件上有不需加工的表面,则应选择该面作为粗基准,以保证不加工表面与加工表面之间的相互位置精度,并可以保证零件的加工表面与不加工表面之间的相互位置关系,并可能在一次装夹中加工出更多的表面。如图 1-13 所示,铸件毛坯孔 2 与外圆有偏心,若以不加工的外圆面 1 为粗基准加工孔 2,则加工时余量不均匀,但加工后的孔 2 与不加工的外圆面 1 基本同轴,较好地保证了壁厚均匀,内外圆的偏心较小。

（2）合理分配加工余量。

对有较多加工面的工件,选择其粗基准时,应考虑合理地分配各加工表面的加工余量。主要应注意以下两点:

①应保证各主要加工表面都有足够的加工余量。为满足这个要求,应选择毛坯上精度高、余量小的表面作为粗基准。图 1-14 所示的阶梯轴毛坯,其大、小两端的同轴度误差为 0~3mm,大端最小加工余量为 8mm,小端最小加工余量为 5mm。若以加工余量大的大端为粗基准先车削小端,则小端可能会因加工余量不足而使工件报废。反之,以加工余量小的小端为粗基准先车削大端,则大端的加工余量足够,经过加工的大端外圆与小端毛坯外圆基本同轴,再以加工过的大端外圆为精基准车削小端外圆,小端的余量也就足够了。

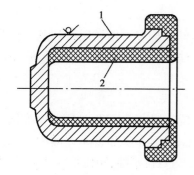

图 1-13　铸件粗基准的选择

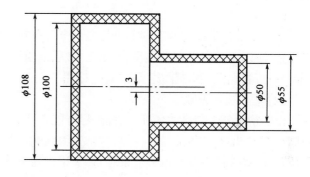

图 1-14　阶梯轴毛坯粗基准的选择

②为保证工件上最重要的表面(如机床导轨面和重要的内孔等)的加工余量均匀,应选择这些重要表面作为粗基准。图 1-15 所示的机床床身,导轨表面是重要表面,要求耐磨性好且在整个导轨表面内具有大体一致的力学性能。因此,加工时应选择导轨表面作为粗基准加工床腿底面[图 1-15a)],然后以床腿底面为基准加工导轨平面[图 1-15b)]。

（3）粗基准应避免重复使用。

一般情况下,在同一尺寸方向上,粗基准只允许使用一次。因为粗基准表面粗糙,定位精度不同,若重复使用,在两次装夹中会使加工表面产生较大的位置误差,对于相互位置精度要求较高的表面,通常会造成超差而使零件报废。在图 1-16 所示的小轴加工中,如果重复使用毛坯 B 面定位,分别加工表面 A 和 C,则必然会使 A 面和 C 面的轴线产生较大的同轴度误差。

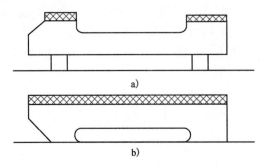

图1-15　车床床身的粗基准选择

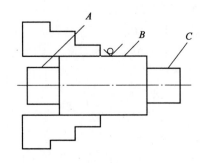

图1-16　重复使用粗基准示例

(4) 粗基准表面应平整。

所选粗基准表面应尽可能平整，并有足够大的面积，还要将浇口、冒口和飞边等毛刺打磨掉，以便工件安装时定位可靠，夹紧方便。

2) 精基准的选择

精基准的选择应从保证零件加工精度出发，同时考虑装夹方便可靠、夹具结构简单。选择精基准有以下5条基本原则：

(1) 基准重合原则。

基准重合是指设计基准和定位基准重合。在精基准选择时，应尽可能选用设计基准作为定位基准，以避免产生基准不重合误差。"基准重合"原则对于保证表面间的相互位置精度（如平行度、垂直度和同轴度等）也完全适用。

(2) 基准统一原则。

位置精度要求较高的各加工表面，尽可能在多数工序中统一用同一基准，这就是基准统一原则。例如，轴类零件加工时，一般总是先将两端面打好中心孔，其余工序都是以两中心孔为定位基准；齿轮的齿坯和齿形加工时，多采用内孔及基准端面为定位基准；箱体零件加工时，大多以一组平面或一面两孔作为统一基准加工孔系和端面。采用基准统一原则，可较好地保证各加工面的位置精度，也可减小工装设计及制造费用，提高生产率，并可避免基准变换所造成的误差。

(3) 自为基准原则。

有些精加工工序为了保证加工质量，要求加工余量小而均匀，便以加工表面自身来作为定位基准，这就是自为基准原则。如图1-17所示，磨削床身导轨面时，一般以导轨面为基准找正定位，然后进行加工。此外，铰削孔、拉削孔、无心磨削及珩磨等都应以自为基准原则进行加工的。

(4) 互为基准原则。

位置精度要求较高的两个表面在加工时，为了使加工面获得均匀的加工余量和较高的相互位置精度，用其中任意一个表面作为定位基准来加工另一表面，再以加工好的面为基准去加工未加工的面，这就是互为基准原则。例如，加工精密齿轮时，通常是齿面淬硬后再磨削齿面及内孔。由于齿面磨削余量小，为了保证加工要求，采用如图1-18所示的装夹方式。先以齿面为基准磨削内孔，再以内孔为基准磨削齿面，这样不但能使齿面磨削余量小而均匀，而且能较好地保证内孔与齿切圆有较高的同轴度。

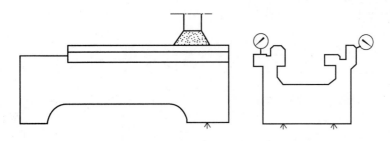

图 1-17　床身导轨面的磨削

(5) 其他原则。

应选择精度较高、定位方便、夹紧可靠、便于操作及夹具结构简单的表面作为精基准。

此外,某些零件上的次要表面(非配合表面),因工艺上宜作为定位基准而提高其加工精度和表面质量,这种表面也称为辅助基准。例如,丝杠的外圆表面,从螺纹副的传动来看,它是非配合的次要表面,但在丝杠螺纹的加工中,外圆表面往往作为定位基准,它的圆度和圆柱度直接影响到螺纹的加工精度,所以加工时要提高外圆的加工精度,并降低其表面粗糙度值。

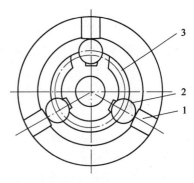

图 1-18　精密齿轮内孔的磨削
1-卡盘;2-滚柱;3-齿轮

总之,无论是粗基准还是精基准,在选择时应注意:首先使工件定位稳定、安全可靠,然后再考虑夹具设计容易、结构简单、成本低廉等技术经济原则。在实际生产中选择粗、精基准时,要想完全符合上述原则是不可能的,往往会出现相互矛盾的情况,这时应从工件的整个加工全过程统一考虑,抓住主要矛盾,确保选择合理的加工方案。

4. 工件的定位原理

在加工时,首先要使工件占有正确的位置,称为定位。工件定位后,为使其在加工中不受外力的影响而始终保持正确的位置,还必须把它压紧夹牢,称为夹紧。工件从定位到夹紧的整个过程称为安装。

1) 六点定位原理

任一刚体,在空间直角坐标系中均有 6 个自由度(图 1-19),即沿三个互相垂直的坐标轴 X、Y、Z 的移动和绕 X、Y、Z 轴的转动,共有六个独立的运动,即有 6 个自由度。要使工件在夹具中获得准确的位置,必须限制其相应的自由度。

工件定位时,通常是一个支承点限制工件的一个自由度。用合理设置的六个支承点来限制工件的 6 个自由度,使工件在夹具中的位置完全正确,这就是"六点定位原则"或称"六点定位原理"。

在实际应用中,常把接触面积很小的支承钉看作是约束点,即按上述六个位置布置支承钉,如图 1-20 所示,在夹具的三个相互垂直的平面内共布置了六个支承点。

XOY 平面的三个支承点限制了工件绕 X、Y 轴的转动和沿 Z 轴的移动这三个自由度。

YOZ 平面的两个支承点限定了工件沿 X 轴的移动、绕 Z 轴的转动这两个自由度。

XOZ 平面的一个支承点限定了工件沿 Y 轴的移动这最后一个自由度。

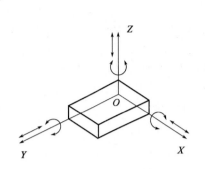
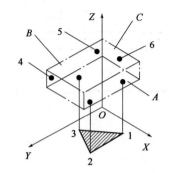
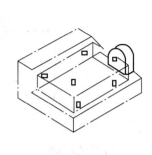

图 1-19　物体(工件)在空间的自由度　　　图 1-20　长方形工件的六点定位

这样,零件的空间位置便完全确定了。

2)工件的定位形式

(1)完全定位:根据工件加工表面的位置尺寸、形位要求,工件 6 个自由度全部被限制,称作完全定位。

(2)不完全定位:根据工件的加工要求,并不需要限制工件的全部自由度的定位,这种情况称作不完全定位。

图 1-21a)所示为铣削长方体工件上平面工序,要求保证 Z 方向上的高度尺寸及上平面与底面的平行度,只需限制绕 X 轴转动、绕 Y 轴转动和沿 Z 轴移动 3 个自由度即可。图 1-21b)所示为铣削一个通槽,需限制除了绕 X 轴移动以外的其他 5 个自由度。如图 1-21c)所示,在同样的长方体工件上铣削一个键槽,在三个坐标轴的移动和转动方向上均有尺寸及相互位置要求。因此,这种情况必须限制全部的 6 个自由度,即完全定位。再如,如图 1-21d)所示,过球体中心打一通孔,定位基面为球面,则对三个坐标轴的转动自由度均无限制必要,而且在 Z 轴方向上为通孔,所以沿 Z 轴方向移动的自由度不必限制,只需限制沿 X 轴移动和沿 Y 轴移动的自由度就够了。

若将图 1-21e)和图 1-21b)相比较:图 1-21e)、图 1-21b)分别为圆柱体和长方体工件。虽然它们均是铣削一个通槽,加工内容、要求相同。但加工定位时,图 1-21b)的定位基面是一个底面与一个侧面,而图 1-21e)只能采用外圆柱面作为定位基面。因此,图 1-21e)限制沿 X 轴的移动就无必要,限制 4 个自由度就可以了。

若将图 1-21f)和图 1-21e)相比较:二者均是在圆柱体工件上铣削键槽,但图 1-21f)的铣削通槽的加工要求增加了与下端槽对中。虽然它们的定位基面都有外圆柱面,但图 1-21f)需增加绕 X 轴转动的自由度限制,共需限制 5 个自由度才合理。

(3)欠定位:根据工件的加工要求,应该限制的自由度没有完全限制的定位。欠定位无法保证加工要求,所以是不允许的。图 1-22 所示为在铣床上加工长方体工件台阶的两种定位方案。台阶高度尺寸为 H、宽度尺寸为 B,根据加工位置尺寸要求,在图示坐标系下,应限制的自由度为沿 Y 轴移动、沿 Z 轴移动、绕 X 轴转动、绕 Y 轴转动、绕 Z 轴转动。如图 1-22a)所示,只限制沿 Z 轴移动、绕 X 轴转动、绕 Y 轴转动 3 个自由度,不能保证位置尺寸 B,属欠定位;在图 1-22b)中,侧面加一块支承板后,补充限制沿 Y 轴移动和绕 Z 轴转动 2 个自由度,才使位置尺寸 H 和 B 都得到保证。

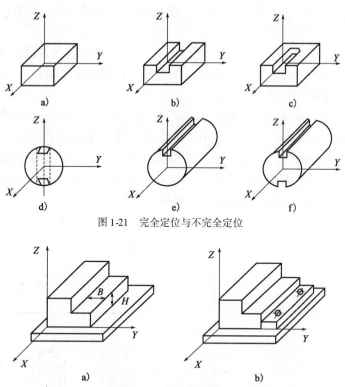

图 1-21　完全定位与不完全定位

图 1-22　欠定位实例

(4) 过定位：两个或两个以上的定位元件，重复限制工件的同一个自由度的定位，称为过定位。图 1-23 所示为一齿轮零件毛坯定位示例。其中，图 1-23a)是短销、大平面定位。短销限制了绕 X 轴移动、沿 Y 轴移动 2 个自由度，大平面限制了沿 Z 轴移动、绕 X 轴转动和绕 Y 轴转动 3 个自由度，无过定位。图 1-23b)是长销、小平面定位。长销限制了沿 X 轴移动、沿 Y 轴移动、绕 X 轴转动、绕 Y 轴转动 4 个自由度，小平面限制了沿 Z 轴移动 1 个自由度，也无过定位。图 1-23c)是长销、大平面定位。长销限制了沿 X 轴移动、沿 Y 轴移动、绕 X 轴转动、绕 Y 轴转动 4 个自由度，大平面限制了沿 Z 轴移动、绕 X 轴转动和绕 Y 轴转动 3 个自由度，所以产生了过定位。图 1-23d)由于零件处于过定位，如再施加夹紧力强迫零件底部与定位平面贴紧，将会导致零件或夹具变形。

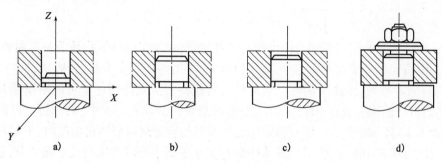

图 1-23　过定位实例分析

过定位是否允许,应根据具体情况分析。一般情况下,如果工件的定位面是没有经过机械加工的毛坯面,或是已加工过的较粗糙表面,这时过定位是不允许的,因为它可能产生破坏定位、工件不能装入或夹具变形等后果。

但如果工件的定位面经过加工,定位元件的尺寸、形状和位置也都做得比较准确、光整,则过定位不但对工件加工面的位置尺寸影响不大,反而可以增强加工时的支承刚性,这时过定位是允许的。下面针对具体问题进行分析:

图 1-24 所示为平面定位情况。在图 1-24a)中,应采用三个支承钉,限制沿 Z 轴移动、绕 X 轴转动和沿 Y 轴转动三个自由度,但采用四个支承钉,则出现过定位情况。若工件的定位表面未经过加工或较为粗糙,则该定位面实际上只可能与三个支承钉接触,究竟与哪三个支承钉接触,与重力、夹紧力和切削力都有关系,定位不稳。如果在夹紧力作用下强行使工件定位面与四个支承钉都接触,就只能使工件变形,产生加工误差。

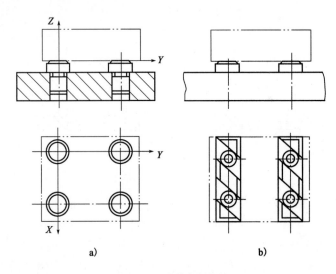

图 1-24 过定位实例分析

为了避免上述过定位情况的发生,可以将四个平头支承钉改为三个球头支承钉,将第四个支承钉改为辅助支承。辅助支承只起支承作用而不起定位作用。

如果工件的定位面已经过机械加工,并且表面平整,四个平头支承钉顶面又准确定位于同一个平面内,则上述过定位不仅允许,而且能增强支承刚度,减小工件的受力变形,这时还可以将支承钉改为支承板,见图 1-24b)。

2)典型定位方式的定位分析

用定位元件代替约束点限制自由度即是工件定位,由于工件的形状是千差万别的,用于代替约束点的定位元件种类也很多,除了支承钉以外,常用的还有支承板、长短销、长短 V 形块、长短定位套,固定锥销,浮动锥销等。在此仅分析这些定位元件理论上可以限制哪几个自由度,以及它们组合使用限制自由度的情况,分析的结果归纳在表 1-4 中,供分析工件的定位时参考。从表 1-4 可以看出,有时候分析定位元件及其组合能限制哪些自由度时,不如反向分析它们不能限制哪些自由度方便。例如,表中的长销小平面结合以及短销大平面结合,它们均不能限制绕 X 轴转动的自由度是很明显的,而其他的自由度将被限制。

典型定位元件的定位分析 表1-4

工件的定位面	夹具的定位元件				
平面	支承钉	定位情况	一个支承钉	两个支承钉	三个支承钉
		图示			
		限制自由度	沿 Y 轴移动	沿 X 轴移动、绕 Z 轴转动	沿 Z 轴移动、绕 X 轴转动、绕 Y 轴转动
		定位情况	一块条形支承板	两块条形支承板	一块矩形支承板
		图示			
		限制自由度	沿 X 轴移动、绕 Z 轴转动	沿 X 轴移动、绕 X 轴转动、沿 Y 轴移动、绕 Y 轴转动、沿 Z 轴移动、绕 Z 轴转动	沿 X 轴移动、绕 X 轴转动、沿 Y 轴移动、绕 Y 轴转动、沿 Z 轴移动、绕 Z 轴转动
孔	圆柱	定位情况	短圆柱销	长圆柱销	两段短圆柱销
		图示			
		限制自由度	沿 X 轴移动、沿 Z 轴移动	沿 X 轴移动、绕 X 轴转动、沿 Z 轴移动、绕 Z 轴转动	沿 X 轴移动、绕 X 轴转动、沿 Z 轴移动、绕 Z 轴转动
	圆锥销	定位情况	菱形销	长销小平面组合	短销大平面组合
		图示			
		限制自由度	沿 X 轴移动、沿 Y 轴移动、沿 Z 轴移动	沿 X 轴移动、绕 X 轴转动	沿 X 轴移动、绕 X 轴转动、沿 Y 轴移动、绕 Y 轴转动、沿 Z 轴移动

续上表

工件的定位面		夹具的定位元件		
孔	心轴	定位情况	长圆柱心轴	短圆柱心轴	小锥度心轴
		图示	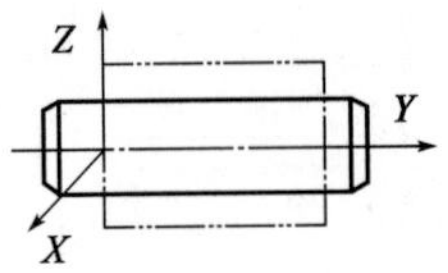	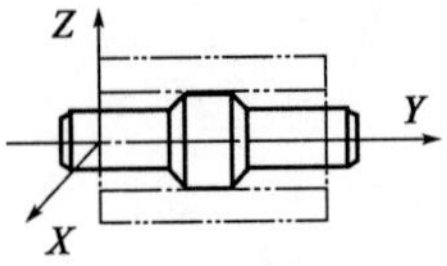	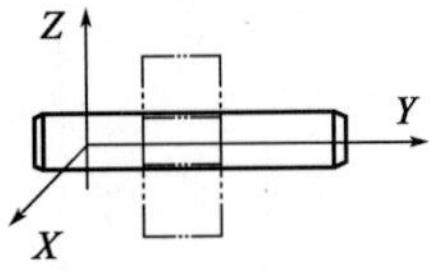
		限制自由度	沿 X 轴移动、绕 X 轴转动、沿 Z 轴移动、绕 Z 轴转动	沿 X 轴移动、沿 Z 轴移动	沿 X 轴移动、绕 X 轴转动、沿 Z 轴移动、绕 Z 轴转动
外圆柱面	V形块	定位情况	一块短V形块	两块短V形块	两块长V形块
		图示	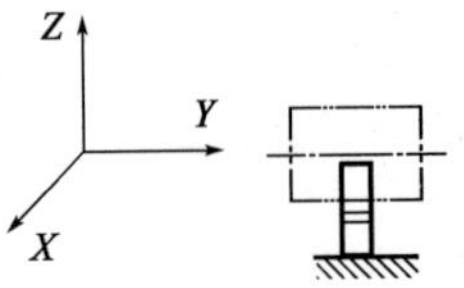	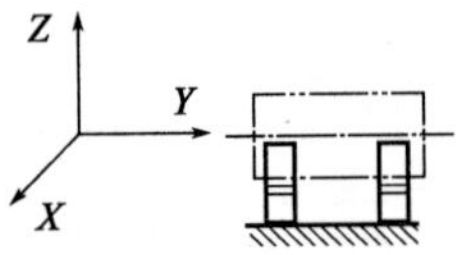	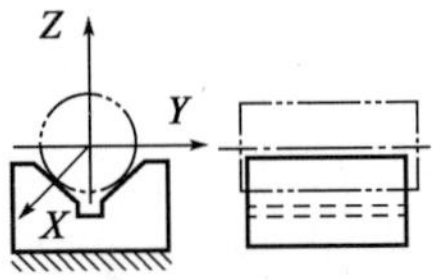
		限制自由度	沿 X 轴移动、沿 Z 轴移动	沿 X 轴移动、绕 X 轴转动、沿 Z 轴移动、绕 Z 轴转动	沿 X 轴移动、绕 X 轴转动、沿 Z 轴移动、绕 Z 轴转动
	定位套	定位情况	一个短定位套	两个短定位套	一个长定位套
		图示	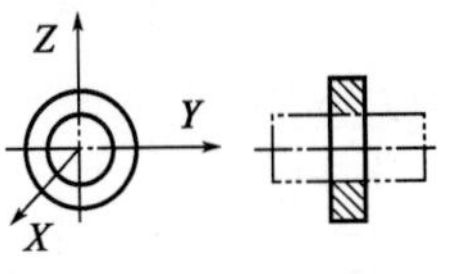	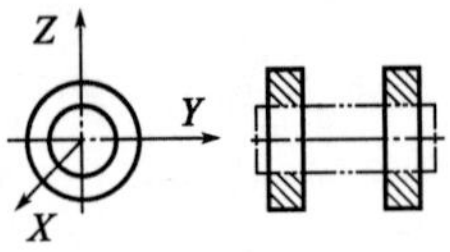	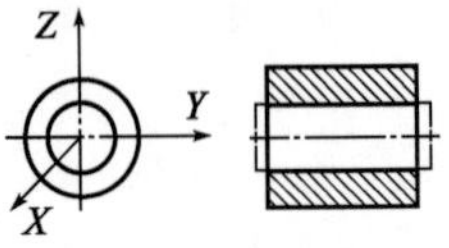
		限制自由度	沿 X 轴移动、沿 Z 轴移动	沿 X 轴移动、绕 X 轴转动、沿 Z 轴移动、绕 Z 轴转动	沿 X 轴移动、绕 X 轴转动、沿 Z 轴移动、绕 Z 轴转动
圆锥面	锥顶尖及锥度心轴	定位情况	固定顶尖	浮动顶尖	锥度心轴
		图示	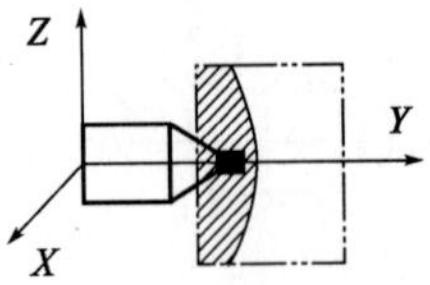	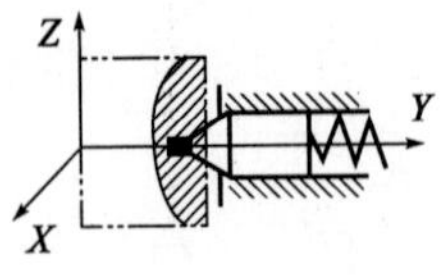	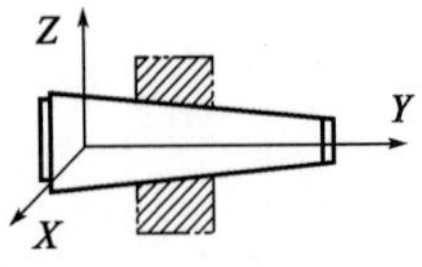
		限制自由度	沿 X 轴移动、沿 Y 轴移动、沿 Z 轴移动	沿 X 轴移动、沿 Z 轴移动	沿 X 轴移动、绕 X 轴转动、沿 Y 轴移动、沿 Z 轴移动、绕 Z 轴转动

六、机械加工工艺规程

1. 机械加工工艺规程的作用

机械加工工艺规程是规定零件机械加工工艺过程和操作方法等的工艺文件。

它是机械制造厂最主要的技术文件,一般包括下列内容:工件加工的工艺路线、各工序的具体内容及所用的设备和工艺装备、工件的检验项目及检验方法、切削用量、时间定额等。

工艺规程有以下几方面的作用:

工艺规程是指导生产的主要技术文件,是指挥现场生产的依据。

在生产类型为批大量生产的工厂,共有生产组织严密、分工细致,要求工艺规程比较详细,才能便于组织和指挥生产。在生产类型为单件小批量生产的工厂,工艺规程可以简单些。但无论生产规模大小,都必须要有工艺规程,否则,生产调试、技术准备、关键技术研究、器材配置等都无法安排,生产将陷入混乱。同时,工艺规程也是处理生产问题的依据,如产品的质量问题,可按工艺规程来明确各生产单位的责任。按照工艺规程进行生产,可以保证产品质量,获得较高的生产率和经济效果。

但是,工艺规程也不是固定不变的,它可以根据生产实际情况进行修改,但必须要有严格的审批手续。

工艺规程是生产组织和管理工作的基本依据,具有法律效力。

由工艺规程所涉及的内容可以看出,在生产的组织和管理中,产品投产前原材料及毛坯的供应、通用工艺装备的准备、机械负荷的调整、专用工艺装备的设计和制造、作业计划的编排、劳动力的组织以及生产成本的核算等,都是以工艺规程为依据的。

工艺规程是新建或扩建工厂或车间的基本资料。

在新建或扩建工厂时,只有依据工艺规程才能确定生产所需要的机床和其他设备的种类、数量和规格,车间的面积,机床的布置,生产工人的工种、技术等级及数量,以及辅助部门的安排。

工艺规程是生产工人和技术人员在生产过程中的实践总结,在实施工艺过程中,还必须不断总结及积累经验,使它不断改进和完善。

2. 机械加工工艺规程的内容和要求

零件的工艺规程就是零件的加工方法和步骤。它的内容包括:排列加工工艺(包括热处理工序)、确定各工序所用的机床、装夹方法、度量方法、加工余量、切削用量和工时定额等。将各项内容填写在一定形式的卡片上,这就是机械加工工艺的规程,即通常所说的机械加工工艺卡片。

1)制订工艺规程的原则

不同的零件,由于结构、尺寸、精度和表面粗糙度等要求不同,其加工工艺也随之不同。即使是同一零件,由于生产批量、机床设备以及工、夹、量具等条件的不同,其加工工艺也不尽相同。在一定生产条件下,一个零件可能有几种工艺方案,但其中总有一个是更为合理的。合理的加工工艺必须能保证零件的全部技术要求;在一定的生产条件下,使生产率最高,成本最低;有良好、安全的劳动条件。工艺规程的制订原则是优质、高产、低成本,即在保证产品质量的前提下,争取最好的经济效益。在制订工艺规程时,应注意以下问题:

(1)技术上的先进性。在制订工艺规程时,要了解国内外本行业工艺技术的发展水平,通过必要的工艺试验,积极采用适用的先进工艺和工艺设备。

(2)经济上的合理性。在一定的生产条件下,可能会出现几种能够保证零件技术要求的工艺方案。此时应通过核算或相互对比,选择经济上最合理的方案,使产品的能源、材料消耗和生产成本最低。

(3)有良好的劳动条件。在制订工艺规程时,要注意保证工人操作时有良好而安全的劳动条件。因此,在工艺方案上要注意采取机械化或自动化措施,以减轻工人繁杂的体力劳动。

因此,制订一个合理的加工工艺,并非轻而易举。除必须具备一定的工艺理论知识和实践经验外,还要深入工厂或车间,了解生产的实际情况。一个较复杂零件的工艺,往往要经过反复实践、反复修改。

2)制订工艺规程的步骤

制订工艺规程的步骤大致如下:

(1)对零件进行工艺分析。

(2)毛坯的选择。

(3)定位基准的选择。

(4)工艺路线的制订。

(5)选择或设计、制造机床设备。

(6)选择或设计、制造刀具、夹具、量具及其他辅助工具。

(7)确定工序的加工余量、工序尺寸及公差。

(8)确定工序的切削用量。

(9)估算时间定额。

(10)填写工艺文件。

3)制订工艺规程的原始资料

制订工艺规程时,通常应具备下列原始资料:

(1)产品的全套装配图和零件图。

(2)产品验收的质量标准。

(3)产品的生产纲领(年产量),以便确定生产类型。

(4)毛坯资料。毛坯资料包括各种毛坯制造方法的技术经济特征、各种型材的品种和规格、毛坯图等。在无毛坯图的情况下,需实地了解毛坯的形状、尺寸及力学性能。

(5)现场的生产条件。为了使制订的工艺规程切实可行,一定要考虑现场的生产条件。如了解毛坯的生产能力及技术水平、加工设备和工艺装备的规格及性能、工人的技术水平以及专用设备与工艺装备的制造能力等。

(6)国内外工艺技术发展的情况。要经常研究国内外的有关工艺技术资料,积极引进适用的先进工艺技术,不断提高工艺水平,以获得最大的经济效益。

(7)有关的工艺手册及图册。

3.机械加工工艺规程的制订

1)零件的工艺分析

最好先熟悉一下有关产品的装配图,了解产品的用途、性能、工作条件以及该零件在产品中的地位和作用。然后根据零件图对其全部技术要求做全面的分析,既要了解全局,又要抓住关键。然后从加工的角度出发,对零件进行工艺分析,其主要内容有:

检查零件的图纸是否完整和正确。

编制零件的机械加工工艺规程需要仔细研读设计图样,明确各项技术要求。包括对零件的材料、生产批量、结构特点及加工面的尺寸精度、表面粗糙度、形位公差等因素进行分析,审查零件图的视图是否符合国家标准,尺寸、公差、表面粗糙度、表面几何形状和位置公差标注是否齐全、合理。如图样上有错误或遗漏,则应提出修改意见。

检查零件材料的选择是否恰当,是否会使工艺变得困难和复杂。

审查零件的结构工艺性,检查零件结构是否能经济地、有效地加工出来。所谓的零件结构工艺性,就是指在不同生产类型的具体生产条件下,零件在满足使用要求的前提下,制造该零件的可行性和经济性。

零件结构工艺性存在于零部件生产和使用的全过程,包括材料选择、毛坯生产、机械加工、热处理、机器装配、机器使用、维护,直至报废、回收和再利用。

影响结构工艺性的因素主要有生产类型、制造条件和工艺技术的发展三个方面。生产类型是影响结构设计工艺性的首要因素。当零件单件、小批生产时,大都采用效率较低、通用性较强的设备和工艺装备,采用普通的制造方法;在大批大量生产时,往往采用高效、自动化的生产设备和工艺装备,以及先进的工艺方法,因此,产品结构必须与相应工艺装备和工艺方法相适应。

机械零部件的结构必须与制造厂的生产条件相适应。生产条件主要包括毛坯的生产能力及技术水平、热处理设备条件与能力、机械加工设备和工装的规格及性能、技术人员和工人的技术水平等。

随着生产工艺的不断发展,新的加工设备和工艺方法的不断出现,以往认为工艺性不好的结构设计,在采用了先进的制造工艺后,可能变得简便、经济,例如电火花、电解、激光、电子束、超声波加工等特种加工技术的发展,使诸如陶瓷等难加工材料、复杂形面、精密微孔等加工变得容易;精密铸造、轧制成型、粉末冶金等先进工艺的不断采用,使毛坯制造精度大大提高;真空技术、离子氮化、镀渗技术使零件表面质量有了很大的改善。

零件的结构工艺性分为零件结构要素与整体结构的工艺性两部分。

零件的结构要素是指组成零件的各个加工表面。零件结构要素工艺性主要有以下几种表现:

①各个结构要素尽量形状简单、面积小、规格统一和标准,以减少加工时调整刀具的次数。

②能采用普通设备和标准刀具进行加工,刀具易进入、退出和顺利通过,避免内端面加工,防止碰撞已加工面。

③加工面与非加工面应明显分开,应使加工时刀具有较好的切削条件,以提高刀具的寿命和保证加工质量。

零件整体结构工艺性主要表现在以下几个方面:

①尽量采用标准件、通用件和相似件。

②有便于装夹的基准和定位面。

③有位置精度要求的表面应尽量能在一次安装下加工出来,如箱体零件上的同轴线孔,其

孔径应当同向工双向递减,以便在单面或双面镗床上一次装夹加工。

④零件应有足够的刚性,防止加工中在高速和多刀切削时的变形,影响加工精度。

表1-5 列出了一些零件结构工艺性对比的实例。

零件机械加工工艺性对比应用实例　　　　表1-5

序号	结构工艺性内容（不好）		结构工艺性内容（好）	
1		孔离箱壁太近,钻头在圆角处易引偏;箱壁高度尺寸大,需加长钻头方能钻孔		加长箱耳,不需加长钻头;只要使用上允许将箱耳设计在某一侧,则不需加长箱耳,即可方便加工
2		车螺纹时,螺纹根部易打刀,且不能清根		留有退刀槽,可使螺纹清根,避免打刀
3		插齿无退刀空间,小齿轮无法加工		大齿轮可进行滚齿或插齿,小齿轮可进行插齿
4		两端轴颈需磨削加工,因砂轮圆角而不能够清根		留有砂轮越程槽,磨削时可以清根
5		斜面钻孔,钻头易引偏		只要结构允许留出导槽,可直接钻孔

续上表

序号	结构工艺性内容 (不好)		结构工艺性内容 (好)	
6		锥面加工时,易碰伤圆柱面,且不能清根		可方便地对锥面进行加工
7		加工面高度不同,须两次调整刀具加工,影响生产率		加工面在同一高度,一次调整刀具可加工两个平面
8		3 个退刀槽的宽度有 3 种尺寸,需用 3 把不同尺寸的刀具		同一宽度尺寸的退刀槽,使用一把刀具即可加工
9		加工面大,加工时间长,平面度误差大		加工面减小,节省工时,减少刀具损耗且易保证平面度要求
10		内壁孔出口处易钻偏或钻头折断		内壁孔出口处平整,钻孔方便,易保证孔中心
11		键槽设置在阶梯轴 90°方向上,须两次装夹加工		将阶梯轴的两个键槽设计在同一方向上,一次装夹即可加工两个键槽

在零件图分析中,如果发现问题,应及时提出,并与有关设计人员共同研究,按规定程序对原图纸进行必要的修改与补充。

2)毛坯的选择

毛坯的选择对经济效益影响很大。因为工序的安排、材料的消耗、加工工时的多少等,都在一定程度上取决于所选择的毛坯。毛坯的类型一般有型材、铸件、锻件、焊接件等。具体选择要根据零件的材料、形状、尺寸、数量和生产条件等因素综合考虑决定。单件、小批量生产轴类零件时,一般采用自由锻毛坯;成批生产中小轴类零件时,一般采用模锻毛坯;单件、小批量生产箱体零件时,一般采用砂型铸造毛坯;成批生产中小箱体零件时,一般采用金属型铸造毛坯。

(1)毛坯种类。

①铸件。

形状复杂的毛坯,宜采用铸造方法制造。目前生产中的铸件大多数是用砂型铸造的,少数尺寸较小的优质铸件可采用特种铸造,如金属型铸造、离心铸造和压力铸造等。

②锻件。

锻件用于强度要求高、形状比较简单的零件。锻件有自由锻件和模锻锻件两种。

自由锻件加工余量大,锻件精度高,生产效率,适用于单件和小批量生产以及大型锻件。

模锻锻件的加工余量小,锻件精度高,生产效率高,适用于生产大批量的中小型锻件。

③型材。

型材有热轧和冷拉两类,用于形状简单或尺寸不大的零件。

热轧型材尺寸较大,精度较低,多用于一般零件的毛坯;冷拉型材尺寸较小,精度较高,多用于制造毛坯精度要求较高的中小型零件,适用于自动机加工。

④焊接件。

对于大件来说,焊接件简单方便,特别是单件小批量生产可以大大缩短生产周期,但焊接的零件变形较大,须经过时效处理后才能进行机械加工。

⑤冷冲件。

用于形状复杂、生产批量较大的板料毛坯。精度较高,但厚度不宜过大。

⑥工程塑料。

用于形状复杂、尺寸精度高、力学性能要求不高的零件。

⑦粉末冶金。

尺寸精度高、材料损失少,用于大批量生产。成本较高,不适合于结构复杂、薄壁、有锐边的零件。

(2)毛坯的选择方法。

①零件材料的工艺性及零件对材料组织和性能的要求。

材料为铸铁或青铜的零件,应选择铸件毛坯;对于钢质零件,要同时考虑机械性能的要求;对于一些重要零件,为保证良好的机械性能,一般均需选择锻件毛坯,而不能选择铸件或型材。

②零件的结构形状与外形尺寸。

常见的各种阶梯轴,如各台阶直径相差不大,可直接选取圆棒料;如台阶轴直径相差较大,为减少材料消耗和切削加工量,则宜选择锻件毛坯;对于一些非旋转体板条形钢质零件,一般则多为锻件。零件的外形尺寸对毛坯选择也有较大的影响。对于尺寸较大的零件,目前只能选择毛坯精度、生产率都比较低的砂型铸造和自由锻造毛坯;而中小型零件,则可选择模锻及各种特种铸造毛坯。

③生产纲领。

当零件的产量较大时,应选择精度和生产率都比较高的毛坯制造方法。虽然制造毛坯的设备和装备费用较高,但可以通过材料消耗的减少和机械加工费用的降低来补偿。零件的产量较小时,可以选择精度和生产率均较低的毛坯制造方法。

④现有生产条件。

选择毛坯时,一定要考虑现场毛坯制造的实际工艺水平、设备状况以及对外协作的可能性。

(3)毛坯形状与尺寸的确定。

毛坯制造尺寸和零件尺寸的差值称为毛坯加工余量,毛坯制造尺寸的公差称为毛坯公差。毛坯加工余量及公差与毛坯制造方法有关。生产中可参照有关工艺手册和部门或企业的标准确定。

毛坯加工余量确定后,毛坯的形状和尺寸,除了考虑切削加工余量外,还要考虑到毛坯制造、机械加工以及热处理等其他工艺因素的影响。

3)定位基准的选择

在拟订加工路线之前,先要选择工件的粗基准与主要精基准。粗基准与精基准的选择必须遵循前述原则。以下是几种常见零件的主要精基准。

(1)轴类零件的主要精基准:传动用的阶梯轴,一般选用两端的中心孔作为主要精基准,如图1-25所示。因为阶梯轴的主要位置精度是各外圆之间的同轴度或径向圆跳动及各轴肩对轴线的垂直度或端面圆跳动。以两端中心孔作为精基准加工各段外圆及端面,符合基准同一原则,能较好地保证它们之间的位置精度。

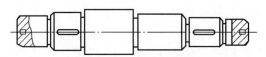

图1-25 阶梯轴的主要精基准

轴线是各外圆的设计基准,两端的中心孔是基准轴线的体现,选用中心孔作为定位精基准,符合基准重合原则。在磨削前,一般要修研中心孔,目的是提高定位精度,从而提高被加工表面的位置精度。

(2)盘套类零件的主要精基准:盘套类零件一般以中心部位的孔作为主要精基准,具体应用时有以下3种情况。

①在一次装夹中精车齿轮坯的孔、大外圆和大端面,以保证这些表面的位置精度要求,图1-26,先精加工孔,然后以孔作为精基准,加工其他各表面。图1-26所示的齿轮坯,也能较好地保证其位置精度。

②外圆与孔互为基准。图1-27所示的套筒零件,因小端外圆和孔的精度以及小端外圆对孔的同轴度要求都很高,表面粗糙度要求很低,在车削后均须磨削。车削后可先以外圆和小端面作为精基准,用百分表找正后磨孔;再以孔作为精基准,用心轴装夹磨外圆。由于内、外圆互

为基准,每一工序都为下一工序准备了精度更高的定位基准,因此,可以获得较高的同轴度。

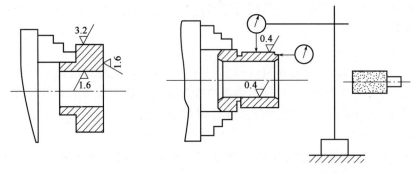

图 1-26 一次装夹精车齿轮坯　　　图 1-27 以外圆找正磨内孔

③支架箱体类零件的主要精基准:对于支架箱体类零件,一般采用机座上的主要平面(即轴承支承孔的设计基准)作为主要精基准加工各轴承支承孔,以保证各轴承支承孔之间以及轴承支承孔与主要平面的位置精度要求。

4)工艺路线的拟订

拟订工艺路线就是把加工零件所需要的各个工序按顺序排列起来,它主要包括以下几个方面。

(1)加工方案的确定。

根据零件每个加工表面(特别是主要表面)的精度、粗糙度及技术要求,选择合理的加工方案,确定每个表面的加工方法和加工次数。常见典型表面的加工方案可参照其他章节来确定。在确定加工方案时,还应考虑以下几方面的内容。

①被加工材料的性能及热处理要求。例如,强度低、韧性高的有色金属不宜磨削,而钢件淬火后一般要采用磨削加工。

②加工表面的形状和尺寸。不同形状的表面,有各种特定的加工方法。同时,加工方法的选择与加工表面的尺寸有直接关系。如大于 $\phi 80mm$ 的孔采用镗孔或磨孔进行精加工。

③还应考虑本厂和本车间的现有设备情况、技术条件和工人技术水平。

(2)加工阶段的划分:当零件的精度要求较高或零件形状较复杂时,应将整个工艺过程划分为以下几个阶段。

①粗加工阶段。其主要目的是切除绝大部分余量。

②半精加工阶段。使次要表面达到图纸要求,并为主要表面的精加工提供基准。

③精加工阶段。保证各主要表面达到图纸要求。如果零件主要表面的粗糙度 Ra 值不大于 $0.1\mu m$ 时,需要将加工阶段划分为粗加工阶段、半精加工阶段、精加工阶段和光整加工阶段。光整加工阶段的目的是提高尺寸精度和降低表面粗糙度。

(3)划分加工阶段的目的。

①有利于保证加工质量。由于粗加工余量大,切削力大,切削温度高,工件变形大,变形恢复时间长,如果不划分加工阶段,连续进行粗、精加工,会使已加工好的表面精度因变形恢复而受到破坏。

②有利于合理使用设备。粗加工采用精度低、功率大、刚性好的机床,有利于提高生产

率。精加工采用精度高的机床,既有利于保证加工质量,也有利于长期保持设备精度。

③有利于安排热处理工序。

④可避免损伤已加工好的主要表面,也可及时发现毛坯缺陷,及时采取补救措施或报废,以免浪费过多工时。

但是,加工阶段的划分并不是绝对的,在有些情况下(如精度要求较低的重型零件),可以不划分加工阶段。在实际生产中,是否划分加工阶段,要根据具体情况而定。

(4)加工顺序的安排:就是要合理地安排机械加工工序、热处理工序、检验工序和其他辅助工序,以便保证加工质量,提高生产率,提高经济效益。加工工序的安排。

①机械加工工序的安排。在安排机械加工工序时,必须遵循以下几项则。

A. 基准先行。作为精基准的表面应首先加工出来,以便用它作为定位基准加工其他表面。

B. 先粗后精。先进行粗加工,后进行精加工,有利于保证加工精度和提高生产率。

C. 先主后次。先安排主要表面的加工,然后根据情况相应安排次要表面的加工。主要表面就是要求精度高、表面粗糙度低的一些表面,次要表面是除主要表面以外的其他表面。因为主要表面是零件上最难加工且加工次数最多的表面,因此安排好了主要表面的加工,也就容易安排次要表面的加工。

D. 先面后孔。在加工箱体零件时,应先加工平面,然后以平面定位加工各个孔,这样有利于保证孔与平面之间的位置精度。

②热处理工序的安排。根据热处理工序的目的不同,可将热处理工序分为以下几项。

A. 预备热处理。是为了改善工件的组织和切削性能而进行的热处理,如低碳钢的正火和高碳钢的退火。

B. 时效处理。是为了消除工件内部因毛坯制造或切削加工所产生的残余应力而进行的热处理。

C. 最终热处理。是为了提高零件表面层的硬度和强度而进行的热处理,如调质、淬火、渗碳、氮化等。

上述热处理的安排顺序如图 1-28 所示。退火和正火安排在毛坯制造之后、粗加工之前。时效处理一般安排一次,通常安排在毛坯制造之后、粗加工之前,也可安排在粗加工之后、半精加工之前。对于复杂零件时效处理可安排两次。调质工序安排在粗加工之后、半精加工之前。淬火工序和渗碳(渗碳+淬火)工序安排在半精加工之后、精加工之前。因为淬火后零件表面会产生脱碳层,需要继续加工以去除零件表面上的脱碳层。氮化工序安排在精加工之后,因为氮化后的零件不需要淬火,零件表面没有脱碳层,不需要再加工。如果零件的精度要求较高,则可在氮化后再精磨一次。

③检验工序的安排。为了保证产品的质量,除每道工序由操作人员自检以处,还应在下列情况下安排检验工序。

A. 粗加工之后。毛坯表面层有无缺陷,粗加工之后就能看见,如果能及时发现毛坯缺陷,就能有效降低生产成本。

B. 工件在转换车间之前。在工件转换车间之前,工件是否合格,需要进行检验,以避免扯皮现象的发生。

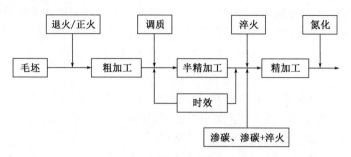

图1-28　热处理工序安排顺序

C.关键工序的前后。关键工序是最难加工的工序,加工时间长,加工成本高,如果能在关键工序之前发现工件已经超差,可避免不必要的加工,从而降低生产成本。另一方面,关键工序是最难保证的工序,工件容易超差。因此,关键工序的前后要安排检验工序。

D.特种检验之前。因为特种检验费用较高,因此,在特种检验之前必须知道工件是否合格。

E.全部加工结束之后。工件加工完后是否符合零件图纸要求,需要按图纸进行检验。

④辅助工序的安排。辅助工序主要有表面处理、特种检验、去毛刺、消磁、清洗等。

A.工序集中原则。使每道工序包括尽可能多的加工内容,因而工序数目减少。工序集中到极限时,只有一道加工工序。其特点是工序数目少,工序内容复杂,工件安装次数少,生产设备少,易于生产组织管理,但生产准备工作量大。

B.工序分散原则。使每道工序包括尽可能少的加工内容,因而使工序数目增加。工序分散到极限时,每道工序只包括一个工步。其特点是工序数目多,工序内容少,工件安装次数多,生产设备多,生产组织管理复杂。

在制订工艺路线时,是采用工序集中,还是采用工序分散,要根据下列条件确定:生产类型。单件、小批量生产时,采用工序集中原则;大批、大量生产时,采用工序分散原则,有利于组织流水线生产。

工件的尺寸和重量。对于大尺寸和大重量的工件,由于安装和运输的问题,一般采用工序集中原则。

工艺设备条件。自动化程度高的设备一般采用工序集中原则,如加工中心、柔性制造系统。

5)确定加工余量

(1)余量的概念。

要使毛坯变成合格零件,从毛坯表面上所切除的金属层称为加工余量。加工余量分为总余量和工序余量。从毛坯到成品总共需要切除的余量称为总余量。在某工序中所要切除的余量称为该工序的工序余量,它等于相邻两工序的工序尺寸之差。总余量应等于各工序的余量之和。工序余量的大小应按加工要求来确定。余量过大,既浪费材料,又增加切削工时;余量过小,会使工件的局部表面切削不到,不能修正前道工序的误差,从而影响加工质量,甚至造成废品。

对于外圆和孔等旋转表面,加工余量在直径方向对称分布,称为双边余量,它的大小实际上等于工件表面切去金属层厚度的两倍。对于平面等非对称表面来说,加工余量即等于切去的金属层厚度,称为单边余量。图 1-29 表示了它们和工序尺寸之间的关系。由图 1-29 可知:

对于被包容面

$$Z_i = L_{i-1} - L_i \tag{1-2}$$

对于包容面

$$Z_i = L_i - L_{i-1} \tag{1-3}$$

对于回转体

轴

$$2Z_i = d_{i-1} - d_i \tag{1-4}$$

孔

$$2Z_i = D_i - D_{i-1} \tag{1-5}$$

式中:Z_i——本道工序的单边余量;

L_{i-1}——上道工序的工序尺寸;

L_i——本道工序的工序尺寸;

D_i——本道工序的孔直径;

D_{i-1}——上道工序的孔直径;

d_i——本道工序的外圆直径;

d_{i-1}——上道工序的外圆直径。

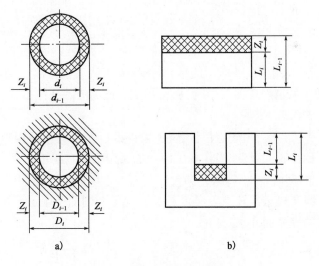

图 1-29 单边余量与双边余量

各道工序余量之和为加工余量(即毛坯余量),等于毛坯尺寸与零件图样上的设计尺寸之差

$$Z_0 = Z_1 + Z_2 + Z_3 + \cdots = L_0 - L_i \tag{1-6}$$

加工余量的变动范围(即余量的公差)等于本道工序尺寸公差 T_i 与上道工序尺寸公差 T_{i-1} 之和。通常所指的工序余量是上道工序与本道工序基本尺寸之差,称为标称余量。对于被

包容面来说,上道工序最大工序尺寸与本道工序最小尺寸之差为最大余量 Z_{max},上道工序最小工序尺寸与本道工序最大工序尺寸之差称为最小余量 Z_{min},对于包容表面则正相反,如图 1-30 所示。

(2)影响加工余量的因素。

影响加工余量的因素比较复杂,现将其主要因素分析如下:

①上道工序产生的表面粗糙度 Ry 和表面缺陷层深度 H_{i-1}(图 1-31)。

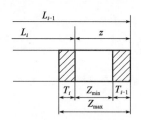

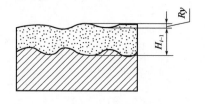

图 1-30 被包容件余量及公差　　　　　图 1-31 工件的加工表面层

为保证加工质量,上道工序留下的表面轮廓最大高度和表面缺陷层深度必须在本道工序中予以切除。在某些光整加工方法中,该项因素甚至是决定加工余量的唯一因素。

②上道工序的尺寸公差 T_{i-1}。

如图 1-30 所示,工序公称余量已经包括了上道工序的尺寸公差在内,所以上道工序尺寸公差的大小对工序余量有着直接的影响。

③上道工序留下的空间位置误差 ρ_{i-1}。

工件上有一些形状位置误差不能包括在尺寸公差范围内,但这些误差又必须在加工中予以纠正,所以必须单独考虑这些误差对加工余量的影响,如轴线的直线度、位置度、同轴度等都属于这一类型的误差。如图 1-32 所示的轴,其轴线有直线度误差额 e,则加工余量至少应大于 $2e$ 才能保证该轴加工后消除弯曲的影响,从而加工出正确的圆柱体形状。

④本工序的装夹误差 ε_i。

在本道工序装夹工件时,由于定位误差、夹紧误差以及夹具本身误差的影响,使工件待加工表面偏离了正确的位置,显然应当在本工序中加大余量把它纠正过来。

如图 1-33 所示的套筒零件,以其外圆夹在车床三爪卡盘中镗孔,由于卡爪的偏心,使零件装夹后毛坯孔中心线与机床回转中心偏离了一个距离 e,则加工余量至少应大于 $2e$ 才能切出一个尺寸符合要求的完整的孔来。

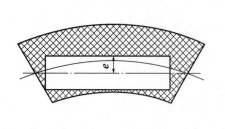

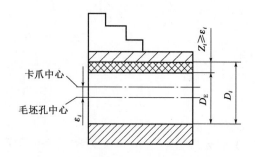

图 1-32 轴线弯曲对加工余量的影响　　　　　图 1-33 装夹误差对加工余量的影响

综上所述，工序余量的组成可表示为：

单边余量

$$Z_i = T_{i-1} + Ry + H_{i-1} + |\rho_{i-1} + \varepsilon_i| \tag{1-7}$$

双边余量

$$2Z_i = T_{i-1} + 2(Ry + H_{i-1}) + 2|\rho_{i-1} + \varepsilon_i| \tag{1-8}$$

5）工艺尺寸链的组成和建立

（1）工艺尺寸链的组成。

尺寸链是揭示零件加工和装配过程中尺寸间的内在联系的重要手段，下面对工艺尺寸链进行说明。

①切削参数计算。

A. 车削加工

切削速度 V_c（m/min）

$$V_c = \frac{D \times \pi \times n}{1000} \tag{1-9}$$

主轴转速 n（r/min）

$$n = \frac{V_c \times 1000}{\pi \times D} \tag{1-10}$$

金属切除率 Q（cm³/min）

$$Q = V_c \times a_p \times f \tag{1-11}$$

净功率 P（kW）

$$P = \frac{V_c \times a_p \times f \times K_c}{60 \times 10^3} \tag{1-12}$$

每次纵走刀时间 t（min）

$$t = \frac{l_w}{f \times n} \tag{1-13}$$

式中：D——工件直径（mm）；

a_p——背吃刀量（切削深度）（mm）；

f——每转进给量（mm/r）；

l_w——工件长度（mm）。

B. 铣削加工

铣削速度 V_c（m/min）

$$V_c = \frac{D \times \pi \times n}{1000} \tag{1-14}$$

主轴转速 n（r/min）

$$n = \frac{V_c \times 1000}{\pi \times D} \tag{1-15}$$

每齿进给量 f_z(mm)

$$f_z = \frac{V_f}{n \times z} \tag{1-16}$$

工作台进给速度 V_f(mm/min)

$$V_f = f_z \times n \times z \tag{1-17}$$

金属去除率 Q(cm³/min)

$$Q = \frac{a_p \times a_e \times V_f}{1000} \tag{1-18}$$

净功率 P(kW)

$$P = \frac{a_p \times a_e \times V_f \times K_c}{60 \times 10^6} \tag{1-19}$$

扭矩 M(N·m)

$$M = \frac{P \times 30 \times 10^3}{\pi \times n} \tag{1-20}$$

式中：D——实际切削深度处的铣刀直径(mm)；
$\quad Z$——铣刀齿数；
$\quad a_p$——轴向切深(mm)；
$\quad a_e$——径向切深(mm)。

C. 钻削加工

切削速度 V_c(m/min)

$$V_c = \frac{d \times \pi \times n}{1000} \tag{1-21}$$

主轴转速 n(r/min)

$$n = \frac{V_c \times 1000}{\pi \times d} \tag{1-22}$$

每转进给量 f(mm/r)

$$f = \frac{V_f}{n} \tag{1-23}$$

进给速度 V_f(mm/min)

$$V_f = f \times n \tag{1-24}$$

金属切除率 Q(cm³/min)

$$Q = \frac{d \times f \times V_c}{4} \tag{1-25}$$

净功率 P(kW)

$$P = \frac{f \times V_c \times d \times K_c}{240 \times 10^3} \tag{1-26}$$

扭矩 $M(\text{N}\cdot\text{m})$

$$M = \frac{P \times 30 \times 10^3}{\pi \times n} \tag{1-27}$$

式中：d——钻头直径(mm)；

K_c——为前角 $\gamma_o=0$、切削厚度 $h_m=1\text{mm}$、切削面积为 1mm^2 时所需的切削力(N/mm^2)；

m_c——为切削厚度指数，表示切削厚度对切削力的影响程度，m_c 值越大表示切削厚度的变化对切削力的影响越大，反之，则越小；

γ_o——前角(°)

7) 填写工艺文件

工艺过程拟订之后，将工序号、工序内容、工艺简图、所用机床等项目内容用图表的方式填写成技术文件。工艺文件的繁简程度主要取决于生产类型和加工质量。常用的工艺文件有以下几种：

(1) 机械加工工艺过程卡片。

其主要作用是简要说明机械加工的工艺路线（包括毛坯制造、机械加工和热处理等）。它是制订其他工艺文件的基础，也是生产技术准备、编排作业计划和组织生产的依据。

在这种卡片中，由于对各工序的说明不够具体，故一般不能直接指导工人操作，而多作为生产管理使用。但是在单件小批量生产中，由于通常不编制其他工艺文件，因此常以这种卡片指导生产。实际生产中，机械加工工艺过程卡片的内容也不完全一样，最简单的只有工序目录，较详细的则附有关键工序的工序卡片。主要用于单件、小批量生产中。表 1-6 所示为机械加工工艺过程卡片。

(2) 机械加工工序卡片。

机械加工工序卡片是根据工艺过程卡片为每一道工艺制订的。它更详细地说明了整个零件各个工序的加工要求，是用来具体指导工人操作的工艺文件。

这种卡片要求工艺文件尽可能详细、完整，除了有工序目录以外，还有每道工序的工序卡片。工序卡片的主要内容有：工序简图、机床、刀具、夹具、定位基准、夹紧方案、加工要求等。填写工序卡片的工作量很大，因此，主要用于大批、大量生产中。表 1-7 所示为机械加工工序卡片。

(3) 机械加工工艺(综合)卡片。

机械加工工艺卡片是以工序为单位，详细说明整个工艺过程的工艺文件。它是用来指导工人生产及帮助车间管理人员和技术人员掌握整个零件加工过程的一种主要技术文件，广泛应用于成批生产的零件和小批生产中的重要零件。

对于成批生产而言，因机械加工工艺过程卡片太简单，而机械加工工序卡片太复杂且没有必要。因此，应采用一种比机械加工工艺过程卡片详细，比机械加工工序卡片简单且灵活的机械加工工艺卡片。工艺卡片既要说明工艺路线，又要说明各工序的主要内容，甚至要加上关键工序的工序卡片。表 1-8 所示为机械加工工艺卡片。

表 1-6 机械加工工艺过程卡片

(单位)		机械加工工艺过程卡片		产品型号			零(部)件图号			共 页
				产品名称			零(部)件名称			第 页
材料牌号		毛坯种类		毛坯外形尺寸		每毛坯件数		每台件数		备注
工序号	工序名称	工序内容		车间	工段	设备	工艺装备		工时	
									准终	单件
更改内容										
						编制(日期)	审核(日期)		会签(日期)	
标记	处记	更改	签字	日期		标记	处记	更改	签字	日期

表 1-7 机械加工工序卡片

(单位)	机械加工工序卡片	产品型号		零(部)件图号		共 页
		产品名称		零(部)件名称		第 页
						材料牌号
		车间	工序号	工序名称		同时加工件数
		设备名称	设备型号	设备编号		
						切削液
		夹具编号		夹具名称		
		工位器具编号		工位器具名称		工序工时
		主轴转速 (r/min)	切削速度 (m/min)	进给量 (mm/r)	切削深度 (mm)	进给次数	准终	单件
工步号	工步内容	工艺装备					工时定额
							机动	辅助
		编制(日期)	审核(日期)	会签(日期)		
标记	处记	更改	签字	日期	标记	处记	更改	签字	日期

表 1-8 机械加工工艺卡片

(单位)		机械加工工艺过程卡片		产品型号			零(部)件图号			共 页
				产品名称			零(部)件名称			第 页
材料牌号		毛坯种类		毛坯外形尺寸			每毛坯件数		每台件数	备注
工序	工步	工序内容	同时加工零件数	切削用量			设备名称及编号	工艺装备名称及编号		工时
				切削深度(mm)	切削速度(m/min)	每分钟转数或往复次数	进给量(mm或双行程)			技术等级
								夹具	刀具	量具	准终	单件
更改内容										
						编制(日期)	审核(日期)	会签(日期)		
标记	处记	更改	签字	日期	标记	处记	更改	签字	日期	

学习情境1　机械制造工艺基础

1. 说明生产过程、工艺过程和工艺规程含义,工艺规程在生产中起何作用。

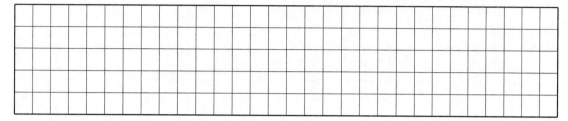

2. 说明工序、安装、装夹、工位、工步含义,工序和工步、安装和装夹的主要区别。

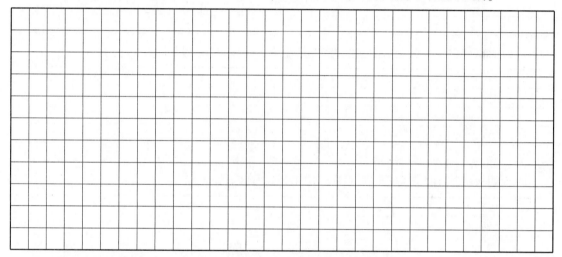

3. 说明生产类型含义及划分,以及各种生产类型优点和缺点。

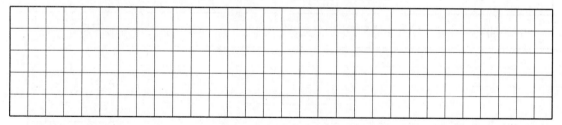

4. 说明机械加工工艺过程卡、机械加工工艺卡、机械加工工序卡有何不同。

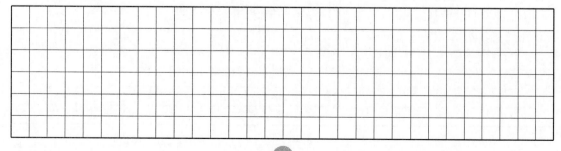

5. 说明编制机械加工工艺规程时,零件图图样分析及结构工艺性分析的重要意义。

6. 说明编制机械加工工艺规程时,毛坯选择的意义及毛坯种类。

7. 说明基准含义及分类,粗基准、精基准含义及选择粗、精基准的原则。

8. 说明机械加工工艺划分、加工阶段即工艺过程设计的意义。

9. 说明毛坯余量、工序余量和总余量之间的关系,并说明影响加工余量的因素。

10. 试说明设计基准、定位基准、工序基准的概念,并举例说明。

11. 什么是欠定位？什么是重复定位？试举例说明。

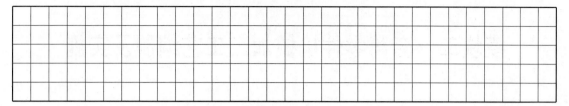

12. 选择表面加工方法应从哪几个方面考虑？

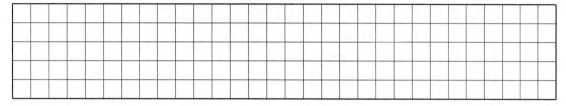

13. 设计毛坯时如何合理地确定各表面的工序余量？

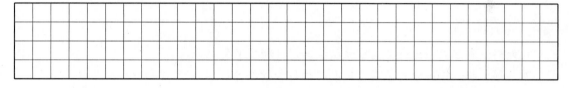

模块二　套筒零件机械加工工艺编制及实施

1. 掌握套筒零件内孔表面的一般加工方法；
2. 掌握套筒零件孔加工常用设备的使用方法；
3. 掌握套筒零件孔加工常用刀具的使用方法；
4. 掌握套筒零件孔加工时的切削用量；
5. 掌握保证套筒工件技术要求的方法；
6. 掌握套筒零件的测量方法。

1. 能够依据零件图进行套筒零件结构工艺性和技术要求分析；
2. 能够依据零件图分析结果选择毛坯材料和种类、确定毛坯尺寸和余量；
3. 能够依据零件图分析结果拟订零件加工工艺路线；
4. 能够编制套筒零件机械加工工艺卡片；
5. 能够进行套筒零件的加工和质量检测。

示教项目导入

任务对象：图 2-1 所示的轴承套零件图，材料 HT200，生产类型为大批量生产。

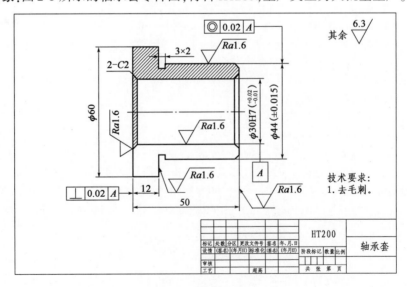

图 2-1　轴承套零件图

任务要求：要完成图 2-1 所示轴承套零件的机械加工工艺文件编制，填写轴承套机械加工工艺卡；条件允许的情况下操作机床加工零件，并进行零件的质量分析和检测，验证编制工艺的合理性。

主线任务　轴承套零件的机械加工工艺编制

任务 2.1　零件图图样分析

知识目标：
1. 掌握零件图图样分析的一般方法；
2. 掌握零件技术要求分析的一般方法；
3. 掌握零件结构工艺性概念；
4. 掌握零件结构要素和整体结构工艺性分析的方法。

能力目标：
1. 能够依据零件图图样审查视图是否符合机械制图国家标准；
2. 能够依据机械制图国家标准审查尺寸、尺寸公差、形状公差、位置公差和表面粗糙度是否标注齐全、合理；
3. 能够分析零件的结构要素、整体结构的作用和功能；
4. 能够依据现有生产条件分析零件技术要求的合理性；
5. 能够进行零件整体结构和结构要素的工艺性分析。

1. 轴承套的功能和作用是什么？
2. 零件技术要求分析有哪些内容？
3. 轴承套有哪些加工表面？结构工艺性如何？

一、套筒零件的功用及结构特点

套筒零件是指回转体零件中的空心薄壁件，是机械加工中常见的一种零件，在各类机器中应用很广泛，主要起支承或导向作用。由于功用不同，其形状结构和尺寸有很大的差异。常见的套筒零件有：支承回转轴的各种形式的轴承圈、轴套；夹具上的钻套和导向套；内燃机上的汽缸套和液压系统中的液压缸、电液伺服阀的阀套等。其大致的结构形式如图 2-2 所示。

套筒零件的结构与尺寸随其用途不同而异，但其结构一般都具有以下特点：外圆直径 d 一般小于其长度 L，通常 $L/d < 5$；内孔与外圆直径之差较小，故零件壁的厚度较薄且易变形；内、外圆回转面的同轴度要求较高；结构比较简单。

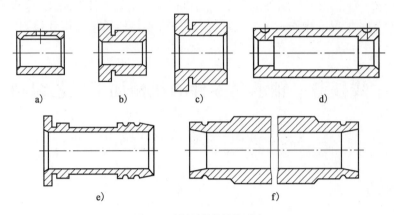

图 2-2　套筒零件的结构形式
a)滑动轴承套；b)支承套；c)钻套；d)轴承衬套；e)汽缸套；f)液压套

二、套筒零件的技术要求

套筒零件的外圆表面多以过盈或过渡配合与机架或箱体孔相配合起支承作用。内孔主要起导向或支承作用，常与运动轴、主轴、活塞、滑阀相配合。有些传动轴的端面或凸缘端面有定位或承受力的作用。套筒零件虽然形状结构不一，但仍有共同特点和技术要求，根据使用情况可对套筒零件的外圆与内孔提出如下要求：

1. 内孔与外圆的尺寸精度要求

套筒零件外圆直径精度通常为 IT5～IT9，表面粗糙度 Ra 为 6.3～3.2μm，要求较高的可达 0.04μm；内孔作为套筒零件支承或导向的主要表面，要求其尺寸精度一般为 IT6～IT7，保证其耐磨性要求，对表面粗糙度要求较高（Ra 为 2.5～0.16μm）。有的精密传动轴及阀套的内孔尺寸精度要求为 IT4～IT5，也有的传动轴（液压缸、汽缸缸筒）由于与其相配的活塞上有密封圈，故对尺寸精度要求较低，一般为 IT8～IT9，但对表面粗糙度要求也较高（Ra 一般为 2.5～1.6μm）。

2. 几何形状精度要求

通常将套筒零件的外圆与内孔的几何形状精度控制在直径公差以内即可。对精密轴套，有时控制在孔径公差的 1/2～1/3，甚至更严格。对较长传动轴，除圆度有要求以外，还应有孔的圆柱度要求。为提高耐磨性，有的内孔表面粗糙度 Ra 为 1.6～0.1μm，有时甚至高达 0.025μm。套筒零件外圆形状精度一般应在外径公差内，Ra 为 3.2～0.4μm。

3. 位置精度要求

位置精度要求主要应根据套筒零件在机器中的功用和要求而定。如果内孔的最终加工是在传动轴装配之后进行，则可降低对传动轴内、外圆表面的同轴度要求；如果内孔的最终加工是在传动轴装配之前进行，则同轴度要求较高，通常同轴度要求为 0.01～0.06mm。传动轴端面（或凸缘端面）常用来定位或承受载荷，对端面与外圆和内孔轴心线的垂直度要求较高，一般为 0.05～0.02mm。

一、实施环境

理实一体化教学车间或普通教室。

二、实施步骤

对图 2-1 所示零件进行如下步骤的图样分析。

1. 零件图图样分析

按零件图分析的一般方法审查设计图样的完整性和正确性。轴承套零件视图准确,图样标注应该符合国家标准。

分析零件图的结构,确定零件及零件的作用和功能,分析零件结构由哪些结构要素组成,确定每个结构要素的功能和作用。

2. 零件的技术要求分析

在不影响产品使用性能的前提下,产品设计应当满足经济性要求,尽可能地降低产品的制造精度。工艺人员有责任审查零件的技术要求是否合理及在现有生产条件下能否达到设计要求,并与设计人员一起共同研究探讨改进设计以降低成本。

零件的技术要求主要有尺寸精度、形状精度、位置精度、表面质量、热处理及其他技术要求。

3. 零件的结构工艺性分析

根据零件结构工艺性的一般原则,判断该零件的结构工艺性是否良好,如果结构工艺性不好,提出改进的工艺结构。

任务 2.2　毛　坯　选　择

知识目标:

1. 了解常用毛坯的种类;
2. 掌握毛坯的选用方法;
3. 熟悉确定毛坯形状和尺寸选用原则。

能力目标:

1. 能够依据零件图及零件图分析结果合理选用毛坯种类;
2. 能够依据零件图熟练确定毛坯形状和尺寸。

1. 如何选择毛坯?
2. 零件的材料选择是否合理?热处理工艺是否合理?

3. 零件毛坯形状和尺寸如何确定？

套筒零件毛坯材料的选择主要取决于零件的功能要求、结构特点及使用时的工作条件。套筒零件一般用钢、铸铁、青铜或黄铜和粉末冶金等材料制成。有些特殊要求的套筒零件可采用双层金属结构或选用优质合金钢，双层金属结构是应用离心铸造法在钢或铸铁套的内壁上浇铸一层巴氏合金等轴承合金材料，采用这种制造方法，虽然增加了一些工时，但能节省有色金属，而且又提高了轴承的使用寿命。

套筒零件的毛坯制造方式的选择与毛坯结构尺寸、材料和生产批量大小等因素有关。孔径较大（一般直径大于 20mm）时，常采用型材（如无缝钢管）、带孔的锻件或铸件；孔径较小（一般小于 20mm）时，一般多选择热轧或冷拉棒料，也可采用实心铸件；大批量生产时，可采用冷挤压、粉末冶金的先进工艺，不仅能节约原材料，而且生产率及毛坯质量精度均可提高。

套筒零件的功能要求和结构特点决定了套筒零件的热处理方法有渗碳淬火、表面淬火、调质、高温时效及渗氮等。

一、实施环境

理实一体化教学车间或普通教室。

二、实施步骤

对图 2-1 所示轴承套零件按如下步骤选择毛坯。

1. 轴承套工作情况分析

分析零件的工况，如零件所处的工作环境、零件所受的载荷，零件应该具备的机械和力学性能。

2. 毛坯选择方案

在不影响产品使用性能的前提下，毛坯选择应当满足经济性要求，尽可能地降低产品的制造精度。在满足功能和使用性能的前提下，审查零件材料是否选择合理，确定毛坯的种类。

3. 毛坯形状与尺寸确定（画毛坯图）

受毛坯制造技术的限制，加之对零件精度与表面质量的要求越来越高，故毛坯某些表面留有一定的加工余量，称为毛坯加工余量。毛坯制造公差称为毛坯公差；其余量与公差可以参照有关工艺手册和标准选取。毛坯余量的确定应考虑毛坯制造、机械加工、热处理等各种因素的影响。

确定毛坯形状和尺寸后，画出毛坯的工序简图。

模块二　套筒零件机械加工工艺编制及实施

任务2.3　工艺过程设计

知识目标：
1. 了解套筒零件表面加工方法的选择；
2. 掌握套筒零件的定位方法。

能力目标：
1. 能够依据零件技术要求确定定位基准；
2. 能够依据零件的结构要素特征选择合理的加工设备和刀具；
3. 能够划分加工阶段；
4. 能够安排加工顺序。

1. 轴承套零件加工时通常采用哪个表面作为粗基准？哪个表面作为精基准？
2. 轴承套外圆和内孔采用何种工艺方案加工？采用何种设备和刀具加工？
3. 轴承套零件的加工顺序如何安排？
4. 轴承套零件的加工工艺方案有几种？哪种方案最佳？为什么？

一、内孔表面加工方法

套筒零件加工的主要工序多为内孔与外圆表面的粗、精加工，尤以孔的粗、精加工最为重要，内圆表面(即内孔)是盘、套、支架、箱体和大型筒体等零件的重要表面之一，也可能是这些零件的辅助表面。孔的机械加工方法较多，有钻孔、扩孔、镗孔、铰孔、磨孔、拉孔及研孔等。其中，钻孔、扩孔及镗孔一般作为孔的粗加工与半精加工，铰孔、磨孔、拉孔及研孔为孔的精加工。在确定孔的加工方案时，一般按以下原则进行：

孔径较小的孔，大多采用"钻—扩—铰"方案。
孔径较大的孔，大多采用钻后镗孔及进一步的加工方案。
淬火钢或精度要求较高的套筒零件，则须用磨孔的方法。
现将这些加工方法的工艺特点分述如下。

1. 钻孔

钻孔是用钻头在实体材料上加工孔的方法，通常采用麻花钻在钻床或车床上进行钻孔，但由于钻头强度和刚性比较差，排屑不畅，切削液不容易注入，因此，加工出孔的精度和表面质量比较低，一般精度为IT11~IT13，表面粗糙度 Ra 为50~12.5μm。

2. 扩孔

扩孔是用扩孔刀对已钻的孔做进一步加工，以扩大孔径并提高精度和降低粗糙度。扩孔后的精度可达IT10~IT11,表面粗糙度Ra为12.5~6.3μm,属于孔的半精加工。

扩孔与钻孔相比,加工精度高,表面粗糙度较低且可在一定程度上修正钻孔的轴线误差。此外,适用于扩孔的机床与钻孔相同。

3. 铰孔

铰孔是用铰刀对未淬硬孔进行精加工的一种方法,其加工精度一般可达到IT6~IT9,表面粗糙度Ra为3.2~0.2μm,属于孔的精加工。

4. 锪孔

用锪孔方法加工平底或锥形沉孔,叫作锪孔,锪孔一般在钻床上进行,加工的表面粗糙度Ra为6.3~3.2μm,有些零件钻孔后需要孔中倒角,有些零件要用顶尖顶住孔口加工外圆,这时可用锥形锪钻在孔口锪出内圆锥。

5. 镗孔

镗孔是在已加工孔上用镗刀使孔径扩大,并提高加工质量的加工方法(图2-3)。它能应用于孔的粗加工、半精加工或精加工。因此,镗刀是属于非定尺寸刀具,结构简单,通用性好,所以在单件、小批量生产中应用较多。特别是当加工大孔时,镗孔往往是唯一的加工方法。

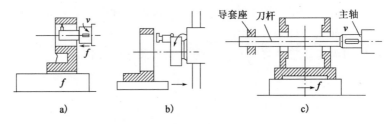

图2-3 镗孔的几种方法
a)镗孔(一);b)镗孔(二);c)镗孔(三)

镗孔可在镗床上加工,也可在车床、铣床、数控机床和加工中心上进行。镗孔的精度(指孔的几何精度)主要取决于机床精度。镗孔的加工精度为IT6~IT8,表面粗糙度Ra为6.3~0.8μm。用于镗孔的刀具(镗杆和镗刀),其尺寸受到被加工孔径的限制,一般刚性差,容易引起弯曲和扭转振动,特别是小直径离支承较远的孔,振动情况更为突出。与扩孔和铰孔相比,镗孔能保证孔中心线的准确位置,并能修正毛坯或上道工序加工后所造成的孔的轴心线歪曲和偏斜,以获得较高尺寸和位置精度。由于镗孔工艺范围广,故为孔加工的主要方法之一。

6. 拉孔

拉孔大多是在拉床上用拉刀通过已有的孔来完成孔半精加工或精加工(图2-4)。拉孔是一种高生产率的精加工方法,既可加工内表面也可加工外表面,拉孔前工件须钻孔或扩孔。工件以被加工孔自身定位并以工件端面为支承面,在一次行程内便可完成粗加工—精加工—光整加工等阶段的工作。拉孔一般没有粗拉工序和精拉工序之分,除非拉削余量太大或孔太深,用一把拉刀,拉刀太长,才分为两个工序加工。

拉孔的削速度低,每齿切削厚度小,拉削过程平稳,不会产生积屑瘤(图2-5);同时拉刀是定尺寸刀具,又有校准齿来校准孔径和修光孔壁,拉削加工精度可达IT6~IT8,表面粗糙度Ra为0.8~0.4μm。由于拉孔难以保证孔与其他表面间的位置精度,因此被拉孔的轴线与端面之间在拉削前应保证有一定的垂直度。

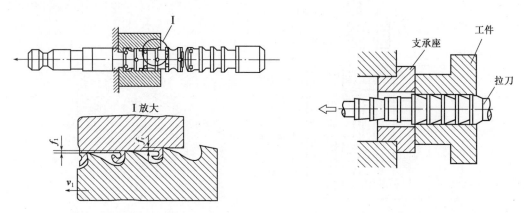

图 2-4 拉孔及拉刀刀齿的切削过程　　　图 2-5 拉削加工

一般拉孔孔径为 10～100mm,拉孔长度一般不超过孔径的 3～4 倍。拉刀能拉削出各种形状的孔,如圆孔、多边孔等(图 2-6)。

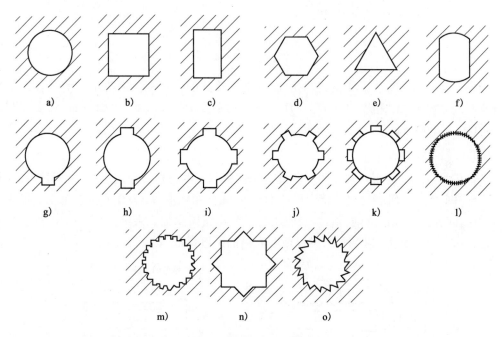

图 2-6 内表面拉削加工简图

a)圆孔;b)方孔;c)长方孔;d)六角孔;e)三角孔;f)鼓形孔;g)键槽;h)双键槽;i)四键槽;j)、k)花键槽;l)尖齿孔;m)内齿轮;n)交叉方孔;o)内圆锯齿孔

注意:拉削过程和铰孔相似,都是以被加工孔本身作为基准,因此不能纠正孔的位置误差。

7. 珩磨孔

珩磨是孔光整加工的方法之一,常在专用的珩磨机上用珩磨头进行加工(图 2-7)。珩磨时,工件固定在机床工作台上,主轴驱动珩磨头做旋转和往复运动,使珩磨头上磨条在孔的表面上切削去极薄的一层金属,其切削轨迹成交叉而不重复的网纹。

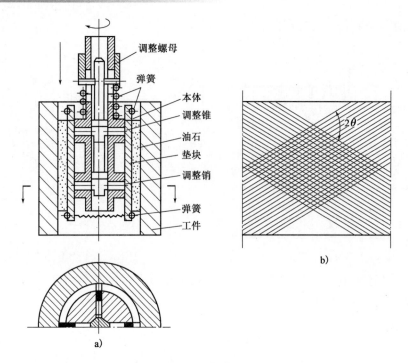

图 2-7 内孔珩磨

珩磨不仅可以获得加工质量高的孔,而且也有较高的生产率。因为珩磨前孔径经过准确的预加工,余量小,尺寸精度可达 IT5~IT7,表面粗糙度 Ra 为 $0.4~0.012\mu m$,圆度和圆柱度可达 $0.003~0.005 mm$。

8. 孔的研磨

研磨孔的原理与研磨外圆相同。研具是用铸铁制成的研棒。研磨内孔一般可在车床或钻床上进行(图 2-8)。研磨的尺寸精度可达 IT6 级,表面粗糙度 Ra 为 $0.16~0.01\mu m$,但生产率低,故研磨前孔必须经过磨削、精镗或精铰等工序,尽量减少加工余量,对中、小尺寸孔,研磨余量约为 $0.025mm$。此外,研磨孔的位置精度需由前工序保证。

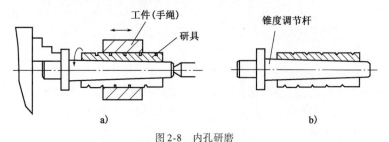

图 2-8 内孔研磨
a) 研磨内圆的方法;b) 内圆研具

孔加工方法的选择与机床选用之间是密切联系的。孔加工常用的方案如表 2-1 所示,拟订孔加工方案时,除一般因素外,还应考虑孔径大小和深径比。根据套筒零件的毛坯、零件的形状和尺寸,套筒零件内孔表面加工方法一般常选择钻孔、扩孔、车孔、铰孔及拉孔等方法。

内圆表面加工方案 表2-1

序号	加工方案	精度等级 IT	表面粗糙度 $Ra(\mu m)$	适用范围
1	钻	IT12~IT11	12.5	加工未淬火钢及铸铁实心毛坯,也可加工有色金属(但表面粗糙度数值较高,孔径小于15~20mm)
2	钻—铰	IT9	3.2~1.6	
3	钻—铰—精铰	IT8~IT7	1.6~0.8	
4	钻—扩	IT11~IT10	12.5~6.3	同上,但孔径大于15~20mm
5	钻—扩—铰	IT9~IT8	3.2~1.6	
6	钻—扩—粗铰—精铰	IT7	1.6~0.8	
7	钻—扩—机铰—手铰	IT7~IT6	0.4~0.1	
8	钻—扩—拉	IT9~IT7	1.6~0.1	大批量生产(精度由拉刀精度决定)
9	粗镗(或扩孔)	IT12~IT11	12.5~6.3	除淬火钢外各种材料,毛坯有铸出孔或锻出孔
10	粗镗(粗扩)—半精镗(精扩)	IT9~IT8	3.2~1.6	
11	粗镗(扩)—半精镗(精扩)—精镗(铰)	IT8~IT7	1.6~0.8	
12	粗镗(扩)—半精镗(精扩)—精镗—浮动镗刀精镗	IT7~IT6	0.8~0.4	
13	粗镗(扩)—半精镗—磨孔	IT8~IT7	0.8~0.2	主要用于淬火钢,也可用于未淬火钢,但不宜用于有色金属
14	粗镗(扩)—半精镗—粗磨—精磨	IT7~IT6	0.2~0.1	
15	粗镗—半精镗—精镗—金刚镗	IT7~IT6	0.4~0.05	主要用于精度要求高的有色金属加工
16	钻—(扩)—粗铰—精铰—珩磨; 钻—(扩)—拉—珩磨; 粗镗—半精镗—精镗—珩磨	IT7~IT6	0.2~0.025	精度要求很高的孔
17	以研磨替代上述方案中珩磨	IT6级以上	0.16~0.01	

二、外圆表面的加工方法

轴类、套筒和盘类零件是具有外圆表面的典型零件。外圆表面常用的机械加工方法有车削、磨削和各种光整加工等。车削加工是外圆表面最经济有效的加工方法,但就其经济精度来说,一般作为外圆表面的粗加工和半精加工;磨削加工是外圆表面的主要精加工方法,特别适合各种高硬度和淬火后的零件的精加工;光整加工是精加工之后进行的超精加工方法(如滚压、抛光、研磨等),适合某些精度和表面质量要求很高的零件。

由于各种加工方法所能达到的经济加工精度、表面粗糙度、生产率和生产成本各不相同,因此必须根据具体情况,选用合理的加工方法,从而加工出满足零件图样要求的合格零件。表2-2为外圆表面各种加工方案和精度等级。

外圆表面加工方案　　　　　　　　　　　　表 2-2

序号	加工方案	精度等级 IT	表面粗糙度 Ra(μm)	适用范围
1	粗车	IT13～IT11	50～12.5	适用于淬火钢以外的各种金属
2	粗车—半精车	IT10～IT8	6.3～3.2	
3	粗车—半精车—精车	IT8～IT7	1.6～0.8	
4	粗车—半精车—精车—滚压	IT8～IT7	0.2～0.0255	
5	粗车—半精车—磨削	IT8～IT7	0.8～0.4	主要用于淬火钢,也可用于未淬火钢,但不适用于有色金属
6	粗车—半精车—粗磨—精磨	IT7～IT6	0.4～0.1	
7	粗车—半精车—粗磨—精磨—超精加工	IT5	0.1～0.012	
8	粗车—半精车—精车—精细车(金刚石车)	IT7～IT6	0.4～0.025	主要用于要求较高的有色金属
9	粗车—半精车—粗磨—精磨—超精磨(或镜面磨)	IT5 以上	0.025～0.006	极高精度的外圆加工
10	粗车—半精车—精磨—精磨—研磨	IT9～IT8	3.2～1.6	

任务实施

一、实施环境

理实一体化教学车间或普通教室。

二、实施步骤

对图 2-1 所示的轴承套零件进行工艺设计。

任务 2.4　机械加工工艺卡编制

知识目标:

1. 了解套筒零件的常用夹具;
2. 了解套筒零件的定位和装夹;
3. 了解套筒零件的切削参数。

能力目标:

1. 能够依据零件技术要求进行定位基准确定;
2. 能够进行关键工序切削参数计算;
3. 能够编制机械加工工序卡。

1. 轴承套外圆和内孔采用何种工艺方案加工？采用何种设备和刀具加工？
2. 轴承套零件的加工顺序如何安排？
3. 轴承套零件的加工工艺方案有几种？哪种方案最佳？为什么？

一、车床及车削加工

套筒零件中间部位的孔一般在车床上加工，这样既便于工件装夹，又便于在一次装夹中精加工孔、端面和外圆，以保证位置精度。

车削加工就是在车床上利用零件的旋转运动和刀具的直线运动来改变毛坯的形状和尺寸，把毛坯加工成符合图样要求的零件。车削加工是机械加工中最基本、应用最为广泛的方法之一，主要用于回转体零件的加工。

车床是完成车削加工所必需的设备。在一般的机械制造中，车床的应用极为普遍，在金属切削机床中车床所占的比重最大，约占金属切削机床总台数的20%~35%。车床的种类很多，按其用途和结构的不同，可分为卧式车床、立式车床、转塔车床、仿形车床、专用车床等等。

1. 卧式车床

卧式车床在车床中应用最广泛、工艺范围最广，其结构布局的显著特征是机床主轴呈水平布置。而在卧式车床中，又以CA6140卧式车床应用最为普及，其基本结构如图2-9所示。

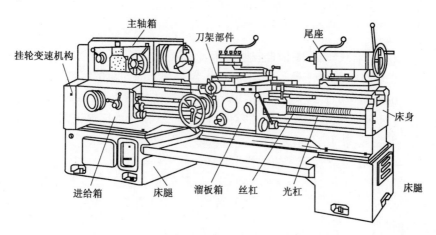

图2-9 CA6140卧式车床结构示意图

卧式车床的主运动是零件的旋转运动，进给运动通过刀架带动刀具的直线移动来完成。CA6140卧式车床主要是用来加工轴类零件、套筒零件或直径不大的盘类零件，其主要部件及作用如下：

1)主轴箱

主轴箱固定在床身的左面。主轴箱内装有主轴和变速传动机构,主轴前端装有卡盘,用以夹持零件。变换主轴箱外变速手柄的位置,可使主轴得到多种不同转速。

2)进给箱

进给箱固定在床身上的左前侧,它是进给运动传动链中的传动比变换装置,功用是改变所加工螺纹的导程或机动进给的进给量。

3)溜板箱

溜板箱固定在刀架部件的底部,可带动刀架一起做纵向进给运动。溜板箱的功用是把进给箱传来的运动传递给刀架,使刀架实现纵向进给、横向进给、快速移动或车螺纹。在溜板箱上装有各种操纵手柄及按钮。

4)刀架部件

刀架部件装在床身的加架导轨上,并可沿其纵向移动。刀架部件由两层溜板和四方刀架组成。刀架部件的功用是装夹车刀,并使车刀做纵向、横向或斜向运动。

5)尾座

尾座装在床身的尾架导轨上,并可沿此导轨纵向调整位置。尾座的功用是用后顶尖支承零件。在尾座上还可以安装麻花钻、铰刀等孔加工刀具,以进行孔加工。

6)床身

床身固定在左床腿和右床腿上。床身是车床的基础支承件,其上安装着车床上的主要部件。床身的功用是支承各主要部件并使它们在工作时保持准确的相对位置。

7)丝杠

丝杠用于车螺纹加工,将进给箱的运动传给溜板箱。

8)光杠

光杠用于一般的车削加工,将进给箱的运动传给溜板箱。

2. 立式车床

与卧式车床相比,立式车床的主轴呈竖直布置,用于安装零件的圆形工作台位于水平位置,因而被称为立式车床,简称立车。如此布置,不仅有利于大而重的零件进行装夹和找正,而且零件与工作台的重量可以比较均匀地作用于导轨面和轴颈轴承,能很好保证机床的工作精度,尤其适合于重量偏重、直径大于高度的零件加工。立式车床可以加工内外圆柱面、圆锥面、端面、沟槽、切断及钻孔、扩孔、镗孔和铰孔等。从结构组成来看,立式车床可分为单柱式和双柱式两种。图2-10所示为立式车床的结构示意图。

除上述较常见的几类车床外,还有转塔车床、仿形车床、机械自动式车床和半自动车床、多刀半自动车床等。尤其近些年来,数控车床和数控车削中心得到了普遍应用,正逐步在车削装备中处于主导地位。

3. 车削加工及刀具

车削加工的基本特点就是零件旋转和刀具进给,主要用于加工各种回转表面及端面,其基本加工工艺有车外圆、车端面、割槽、切断、钻中心孔、车孔、扩孔、铰孔、车螺纹、车内外圆锥面、车成型面、滚花和盘绕弹簧等。图2-11所示为卧式车床上可完成的主要加工工艺示意图。

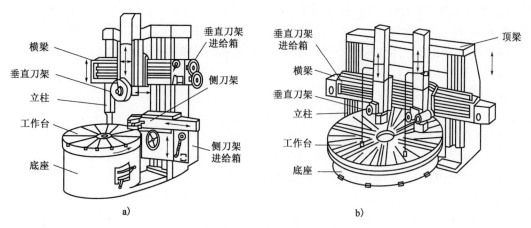

图 2-10 立式车床结构示意图
a) 单柱立式车床；b) 双柱立式车床

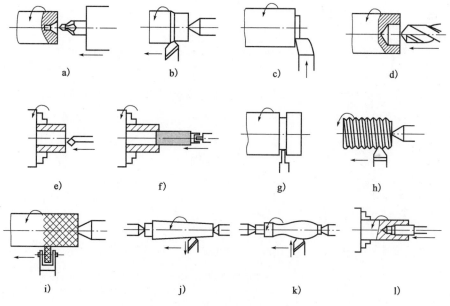

图 2-11 卧式车床的典型加工工艺
a) 钻中心孔；b) 车圆外；c) 车端面；d) 钻孔；e) 车孔；f) 铰孔；g) 切断和车挡；h) 车螺纹；i) 滚花；j) 车圆锥面；k) 车成型面；l) 攻螺纹

车削加工的特点如下：

(1) 生产成本低。车刀结构简单、刚度高、制造、刃磨和装夹方便，刀具价格低廉。车床的附件多为标准件，价格便宜。

(2) 生产率较高。车削过程平稳无冲击，可采用很高的切削速度，且切削面积和切削力基本不变，因此可采用较大的切削用量，有利于提高生产率。

(3) 各加工表面的位置精度高。由于在车削过程中各加工面具有同一回转轴线，并与车床主轴的回转轴线重合，因此可在一次装夹中完成内外圆、端面和切槽加工，有较高的同轴度、轴线与端面的垂直度。

(4)加工适用范围较广。车削应用极为广泛,适用于各种生产类型,可加工不同类型零件的回转表面、端面和成型表面,以及用于加工各种钢料、铸铁、有色金属和非金属材料,但不易加工硬度在 30HRC 以上的淬火钢。尤其是有色金属因材质软易堵塞砂轮,不宜采用磨削,用金刚石车刀精细车,精度可达 IT6~IT5,粗糙度 Ra 可达 $0.4~0.2\mu m$。

普通卧式车床车削工件时所用的车刀主要类型如下:

(1)90°外圆车刀:用于车削工件的外圆、台阶和端面,见图 2-12a)。

(2)45°车刀(弯头车刀):用于车削工件的外圆、端面和倒角,见图 2-12b)。

(3)切断刀:用于切断工件或在工件上车槽,见图 2-12c)。

(4)内孔车刀:用于车削工件的内孔,见图 2-12d)。

(5)圆头车刀:用于车削工件的圆角、圆槽或车削成型面工件,见图 2-12e)。

(6)螺纹车刀:用于车削螺纹,见图 2-12f)。

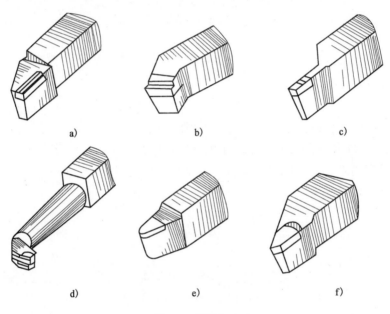

图 2-12 常用车刀

二、拉床及拉削加工

若采用拉削方案,可先在卧式车床或多刀半自动车床上精车外圆、端面和钻孔(或粗镗孔),然后再转拉床加工。

1. 拉床

拉床是用于拉削加工的机床。常用的拉床,按加工的表面可分为内表面拉床和外表面拉床两类;按机床的布局形式可分为卧式拉床和立式拉床两类。此外,还有连续式拉床和专用拉床。拉床的主参数是额定拉力,常用额定拉力为 50~400kN。如 L6120 型卧式内拉床的额定功率拉力为 200kN。

图 2-13 所示为卧式拉床。拉床结构简单,只有拉刀的直线移动为主运动;由于拉刀刀齿的齿升量代替了进给运动,所心拉床没有刀具的进给运动。

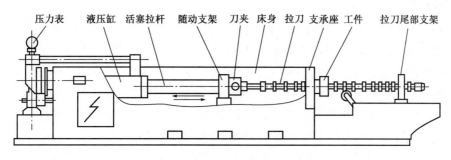

图 2-13 卧式拉床

2. 拉削加工

拉削是一种高效率的加工方法,利用拉刀在拉床上进行加工。拉削的本质是刨削,不过刨削为单刃切削,拉削为多刃复合切削,可以认为是刨削的一种发展。拉削时零件不动,拉刀的直线移动为主运动。拉刀齿形与被加工面形状相同,似成型刨刀,进给运动靠刀齿的齿廓来实现。

拉削加工的特点如下:

(1)生产率高。拉刀是多刃刀具,一次行程可完成粗切、半精切、精切、校正和修光等工作。

(2)加工精度高、表面粗糙度小。由于拉削的切削速度较低,切削过程平稳,避免了积屑瘤的出现,加之校准部分的作用,因此可获得较好的加工质量。一般拉孔的加工精度可达 IT6~IT8,表面粗糙度 Ra 为 $0.8~0.4\mu m$。但是拉削加工时以孔本身定位,不能修正孔的轴线歪斜。

(3)拉床结构简单,操作方便,刀具寿命长。拉削的运动简单,只有一个主运动。拉刀的结构和形状复杂,精度和表面质量要求高,制造成本高,但拉削时速度低,刀具磨损慢,拉刀寿命长。

(4)拉削应用广泛。拉削加工主要用来加工各种形状的通孔,如圆孔、方孔、多边形孔和内齿轮等,以及加工各种沟槽,如键槽、T 形槽、燕尾槽等。外拉削可加工平面、成型面和外齿轮等。由于拉刀价格昂贵,因此主要用于大批量生产。对单件小批生产精度较高、形状复杂的成型面,若其他方法加工困难,也可以采用拉削加工,但不能用于加工盲孔、深孔和阶梯孔等。

三、钻床及钻削加工

钻床是加工孔地主要加工设备,主要用来加工杠杆、盖板、箱体和机架等外形比较复杂、没有对称回转轴线地零件上的各种孔。钻床的主要工作是用钻头钻孔,也可以在钻孔后进一步完成扩孔、铰孔、攻螺纹、锪孔等工作。在钻床上加工时,刀具既做旋转主运动又沿轴向移动做进给运动,而零件固定,保持不动。

钻床的主要类型有台式钻床、立式钻床、摇臂钻床和专门化钻床(如铣钻长、深孔钻床、中心孔钻床)等,一般床用的钻床为台式钻床、立式钻床和摇臂钻床。钻床的主参数一般为最大钻孔直径。

1. 台式钻床

台式钻床简称台钻,是一种放在台桌上使用的小型钻床。它主要由电动机、主轴箱、工作台、立柱、钻头、钻夹头、进给手柄等组成,如图 2-14 所示。

台式钻床的钻孔直径一般在 13mm 以下,最大不超过 16mm。其主轴变速一般通过改变三角带在塔形带轮上的位置来实现,主轴进给靠手动操作。钻孔时,钻头装在钻夹头内,钻夹头装在主轴的锥体上。电动机带动主轴转动。扳动进给手柄可使主轴上下运动。零件安放在工作台上,主轴箱可以沿立柱上升或下降,以适应不同高度零件的加工。

台钻通常是手动进给,自动化程度较低,但其体积小巧、结构简单,使用灵活方便,适用于单件小批生产。

2. 立式钻床

立式钻床简称立钻,是一种中型钻床,其外形如图 2-15 所示。它主要由变速(主轴)箱、进给箱、主轴、工作台、立柱、底座等组成。由于立式钻床的主轴转速和进给量变化范围较大,且可以实行自动进给,因此应用较为广泛。立式钻床的主参数是最大钻孔直径,一般立式钻床的钻孔直径不大于 50mm。

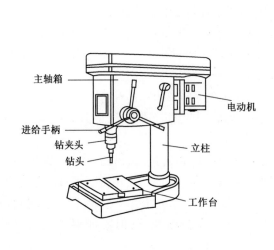

图 2-14 台式钻床结构图

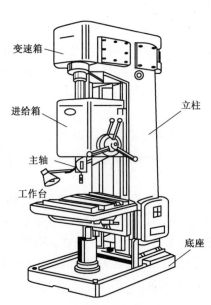

图 2-15 立式钻床结构图

在立钻上加工时,零件置于工作台上,工作台在水平面内不能移动也不能转动,因此,当加工完一个孔后在钻另一个孔时,需要移动零件位置,使刀具回转轴线与另一个孔的中心线重合,对于大而重的零件,操作很不方便,生产效率不高。因此,立钻仅是用于在单件、小批生产中加工中小型零件;使用专用钻床夹具,在大批生产中也可采用。在钻削平行孔系时,若为批量生产,则可选用可调多轴立钻。

3. 摇臂钻床

在立钻上通过移动零件位置加工不同位置的孔,对于大而重的零件很不方便,既费时又费力。若零件不动,调整钻床主轴在空间的位置,就可以解决立钻加工大而重的零件不方便问题,于是就产生了摇臂钻床。

摇臂钻床的外形如图 2-16 所示,其主要组成部件是底座、立柱、摇臂、主轴箱、主轴、工作台等。零件和夹具可安装在底座或工作台上,摇臂可绕立柱回转到所需位置后重新锁定;主轴箱带着主轴可在摇臂上水平一定;摇臂可沿着立柱做上下调整运动。摇臂钻床既可自动,也可手动,加工时,可便捷地调整刀具位置,对准所加工孔的中心,而不要求移动零件,所以它适于加工大型笨重件和多孔件。

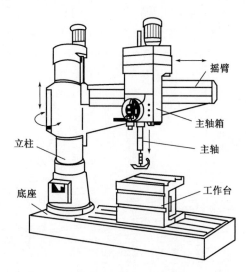

图 2-16 摇臂钻床结构图

主轴箱装在摇臂上,并可沿摇臂上的导轨做水平移动。摇臂可沿立柱做垂直升降运动,用于适应高度不同的零件需要。此外,摇臂还可以绕立柱轴线回转,可以方便地在一个扇形面内调整主轴至被加工孔的位置。为使钻削时加床有足够的刚性,并使主轴箱的位置不变,当主轴箱在空间的位置调整好后,应对产生上述相对移动和转动的立柱、摇臂和主轴箱用机床相应的夹紧机构快速夹紧。

在摇臂钻床上钻孔的直径为 25～125mm,一般用于单件和中小批量生产时在大中型零件上钻削。如果要加工任意方向和任意位置的孔或孔系,可以选用万向摇臂钻床,机床主轴可在空间绕两特定轴线做 360°回转。

4. 深孔钻床

深孔钻床是一种专用型钻床,它采用特质的深孔钻头对炮筒、枪管、机床中空主轴等零件进行深孔加工。为了便于切削去除和降低钻床高度,深孔钻床一般采用卧式布置。为了保证刀具的使用寿命,加工过程中钻头定期进行退刀排屑,同时还通过钻头内部的冷却流道给切削区输送冷却液进行冷却。

四、磨床及磨削加工

磨床是用磨料、模具(砂轮、砂带、油石和研磨料)为工具,对零件进行切削加工的机床,广泛运用于零件的精加工,尤其是淬硬钢件、高硬度特殊材料及非金属材料(如陶瓷等)的精加工,可适应加工各种不同表面、不同形状的零件。其主要类型有外圆磨床、内圆磨床、平面磨床、工具磨床、刀具刃具磨床、花键轴磨床、曲轴磨床、齿轮磨床、螺纹磨床、坐标磨床、珩磨床、研磨床、砂带磨床、超精加工机床等。

1)万能外圆磨床

在外圆磨床中普通外圆磨床和万能外圆磨床应用最广。普通外圆磨床主要用于磨削外圆柱面、外圆锥面及台阶端面等,由砂轮架、头架、尾座、工作台及床身等部件组成。万能外圆磨床是一种将内、外圆磨削综合在一台机床上的磨床,它的其他部位和普通外圆磨床几乎相同,只是在普通外圆磨床的砂轮架部位增加安装了一套内圆磨削砂轮,用于磨削零件的内圆面。因此,万能外圆磨床既可以磨削零件的外表面,也可以磨削零件的内表面。

图 2-17 所示为 M1432A 型万能外圆磨床的外形示意图。

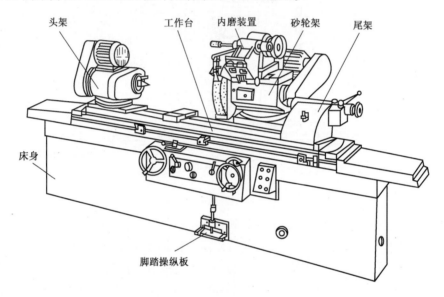

图 2-17　万能外圆磨床

该磨床的主要组成部件如下:

(1)床身。床身是磨床的基础部件,用于支承砂轮架、工作台、头架、尾架等部件,并保持它们准确的相对位置和运动精度。床身内部是液压装置和纵、横进给机构等。

(2)头架。头架由壳体、主轴部件、传动装置等组成,用于安装和加持零件,并带动其转动。调节变速机构,可改变零件的旋转速度。

(3)工作台。工作台分上、下两层。上工作台可绕下工作台的心轴在水平面内偏转 ±10° 角度,以便磨削锥面。下工作台由机械或液压传动,带动头架和尾架随其沿床身做纵向进给运动,行程则由撞块控制。

(4)内磨装置。内磨装置用于磨削零件的内孔,它的主轴端可安装内圆砂轮,通过单独的电动机驱动实现磨削运动。

(5)砂轮架。砂轮架用于支承并传动高速旋转的砂轮主轴。砂轮架装在横向导轨上,操纵横向进给手轮可实现砂轮的横向进给运动。当磨削短圆锥面时,砂轮架和头架可分别绕垂直轴线转动±30°和±90°(逆时针)的角度。

(6)尾架。尾架上的后顶尖和头架上的前顶尖一起,用于支承加工零件。尾座套筒后端的弹簧可调节顶尖对零件的轴向压力。

(7)脚踏操纵板。脚踏操纵板用于控制尾架上的液压顶尖进行快速装卸零件。

2)内圆磨床

内圆磨床主要由床身、工作台、床头箱、横托板、模具座、纵向和横向进给机构等部件组成,如图2-18所示。

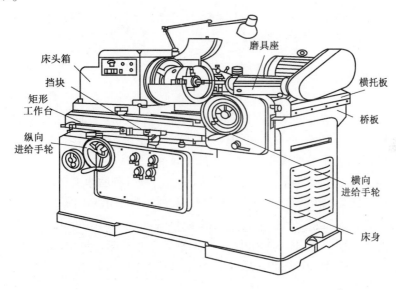

图2-18 内圆磨床示意图

内圆磨削运动包括:砂轮在电动机带动下的高速旋转运动、安装在床头箱主轴卡盘上的工件的圆周进给运动、工作台带动模具座及砂轮的纵向进给运动,以及磨具座带动砂轮的横向进给运动。

内圆磨削由于砂轮直径小,尽管它的转速可以高达每分钟万转以上,但切削速度仍不高。磨内圆时,砂轮与工件的接触面积比磨外圆及磨平面时都大。切削负荷大,而砂轮轴轴径细小,悬伸长度大,刚性差,故进给量必须小。此外,其排屑、散热条件均差,砂轮容易堵塞,工件容易发热变形。因此,内圆磨削生产率低,加工精度和表面质量不如外圆磨削,这就限制了内圆磨削的应用,所以内圆磨削主要用于淬火或材料硬度较高的工件内孔的精加工。

3)无心外圆磨床

无心外圆磨床是一种用于零件不定中心磨削外圆表面的高效率磨削机床,如图2-19所示。该机床由床身、砂轮架、导轮架、工件支架、传动机构等组成。无心外圆磨削与普通外圆磨削方法不同,零件不是支承在顶尖上或夹持在卡盘上,而是放在磨削砂轮与导轮之间,以被磨削外圆表面作为基准、支承在工件之架上。砂轮与导轮的旋转相同,由于磨削砂轮的旋转速度很大,但导轮(用摩擦系数较大的树脂或橡胶作为结合剂制成的刚玉砂轮)则依靠摩擦力限制零件的旋转,使零件的圆周速度基本等于导轮的线速度,从而在砂轮和零件间形成很大的速度差,产生磨削作用。

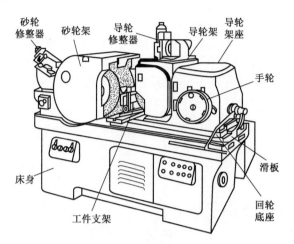

图 2-19 无心外圆磨床示意图

在无心外圆磨床上磨削外圆,零件不需打中心孔,装卸简单省时;用贯穿磨削时,加工过程可连续不断运行;零件支承刚性好。可用较大的切削用量进行切削,而磨削余量较小(没有因中心孔偏心而造成的余量不均现象),故生产效率较高。

由于零件定位面为外圆表面,消除了零件中心孔误差、外圆磨床工作台运动方向与前后顶尖的连线不平行以及顶尖的径向跳动等项误差的影响,所以磨削出来的零件尺寸精度和几何精度都比较高,表面粗糙度值也比较小。但无心磨削调整费时,只适于成批及大量生产;又因零件的支承及传动特点,只能用来加工尺寸较小、形状比较简单的零件。此外,无心磨削不能磨削不连续的外圆表面,如带有键槽、小平面的表面,也不能保证加工面与其他被加工面的相互位置精度。

4) 磨削工艺

磨削是利用砂轮或其他磨具加工零件表面的工艺,是切削加工中的精加工方法之一。磨削时,砂轮高速转动是主运动,零件转动和往复运动是进给运动。

作为切削工具的砂轮,它是由许多细小而且极硬的磨料微粒用结合剂粘接而成的。从切削作用来看,砂轮表面上的每颗磨料微粒就相当于一个刀齿,因为砂轮可视为又无数刀齿的多刃工具。由于磨料磨刃从零件表面上切削下的金属层极薄,零件极易形成光滑表面,因而磨削加工可获得高精度和高的表面质量。通常,把磨削作为零件的精加工工序,但有时也用于毛坯的预加工。磨削加工的范围很广,可加工外圆、内圆、平面及成型面等,如图 2-20 所示,还可用来刃磨各种工具。

(1) 外圆磨削。

外圆磨削是用砂轮外圆周面来磨削零件的外回转表面的磨削方法。如图 2-21 所示,它不仅能加工圆柱面,还能加工圆锥面、端面、球面和特殊形状的外表面等。

磨削中,砂轮的高速旋转运动为主运动,磨削速度是指砂轮外圆的线速度。进给运动有零件的圆周进给、轴向进给和砂轮相对零件的径向进给运动。零件的圆周进给速度是指零件外圆的线速度。轴向进给量是指零件转一周时,沿轴线方向相对于砂轮移动的距离。径向进给量是指砂轮相对于零件在工作台每双(单)行程内径向移动的距离。

此外,磨削热集中,磨削温度高,势必影响零件的表面质量,必须给予充分的切削液来降低磨削温度。

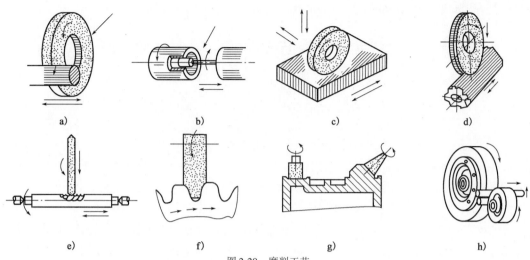

图 2-20 磨削工艺

a)外圆磨削;b)内圆磨削;c)平面磨削;d)花键磨削;e)螺纹磨削;f)齿轮磨削;g)机床导轨磨削;h)无心磨削

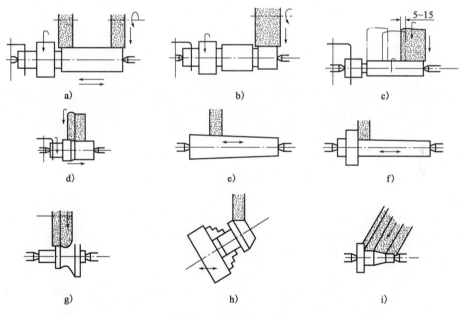

图 2-21 外圆磨削工艺

a)纵磨法磨外圆;b)横磨法磨外圆;c)混合磨法;d)深磨法;e)磨锥面;f)纵磨法磨外圆靠端面;g)横磨法磨成型面;h)磨锥面;i)斜向横磨成型面

(2)内圆磨削。

普通内圆磨削方法如图 2-22 所示,砂轮高速旋转做主运动,零件旋转圆周进给运动,同时砂轮或零件沿其轴线往复运动做纵向进给运动,零件沿其径向做横向进给运动。

与外圆磨削相比,内圆磨削有以下特点:

磨孔时砂轮直径受到零件孔径的限制,直径较小。小直径的砂轮很容易磨钝,需要经常修整和更换。

为了保证正常的磨削速度,小直径砂轮转速度要求较高,目前生产的普通内圆磨床砂轮转速度一般为 10000r/min，有的专用内圆磨床砂轮转速达 80000～100000r/min。

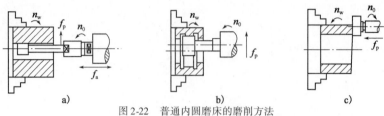

图 2-22　普通内圆磨床的磨削方法
a) 纵磨法磨内孔；b) 切入法磨内孔；c) 磨端面

砂轮轴的直径由于受孔径的限制比较细小，而悬伸长度较大，刚性较差，磨削时容易发生弯曲和振动，使零件的加工精度和表面粗糙度难以控制，限制了磨削用量的提高。

(3) 无心磨削。

无心磨削是零件不定中心的磨削，主要由无心外圆磨削和无心内圆磨削两种方式。无心磨削不仅可以磨削外圆柱面、内圆柱面和内外锥面，还可磨削螺纹和其他形状表面。图 2-23 和图 2-24 所示分别为无心外圆磨削和无心内圆磨削示意图。

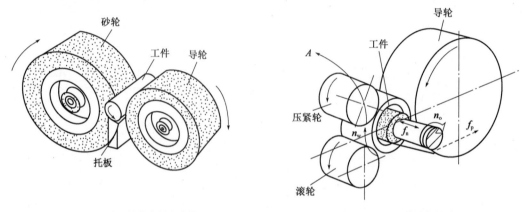

图 2-23　无心外圆磨削示意图　　　　图 2-24　无心内圆磨削示意图

无心外圆磨削与普通外圆磨削方法不同，零件不是支承在顶尖上或夹持在卡盘上。而是放在磨削轮与导轮之间，以被磨削外圆表面作为基准、支承在托板上，如图 2-25 所示。

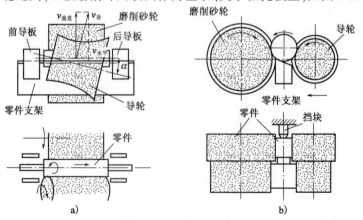

图 2-25　无心磨削工艺

为了加快外圆成型过程和提高零件圆度,零件的中心必须高于磨削轮和导轮中心连线,这样零件与磨削砂轮和导轮的接触点不可能对称,从而使零件上的凸点在多次转动中逐渐磨圆。实践证明:零件中心越高,越容易获得较高圆度,磨削过程越快;但高出距离不能太大,否则导轮对零件的向上垂直分力会引起零件的跳动。

无心磨削时,工件不需要装夹,如果配置上装卸工件的机构,则容易实现自动化生产,因此,无心外圆磨削主要用于大批量生产的细长光轴、轴销和小套等。

5) 砂轮

砂轮是磨削加工中最主要的一类磨具。砂轮是在磨料中加入结合剂,经压坯、干燥和焙烧而制成的多孔体。由于磨料、结合剂及制造工艺不同,砂轮的特性差别很大,因此对磨削的加工质量、生产率和经济性有着重要影响。砂轮特性主要由磨料、粒度、结合剂、硬度、组织、形状和尺寸等因素决定。

砂轮的形状和尺寸是根据磨床类型、加工方法及工件的加工要求来确定的。常用砂轮名称、形状简图、代号和主要用途见表2-3。

表2-3 常用砂轮简况

砂轮名称	代号	形状简图	主要用途
平形砂轮	1		磨外圆、磨内圆、磨平面、无心磨、工具磨
薄片砂轮	41		切断、切槽
筒形砂轮	2		端磨平面
碗形砂轮	11		刃磨刀具
碟形一号砂轮	12a		磨铣刀、铰刀、拉刀、磨齿轮
双斜边砂轮	4		磨齿轮、磨螺纹
杯形砂轮	6		磨平面、磨内圆、刃磨刀具

五、套筒零件孔加工刀具

孔加工刀具按其用途一般分为两大类:一类是从实体材料上加工出孔的刀具,如麻花钻、中心钻及深孔钻等;另一类是对已有孔进行再加工的刀具,如扩孔钻、铰刀、镗刀、内孔车刀等。此外,内拉刀、内圆磨砂轮、珩磨头等也可以用来加工孔。

套筒零件内孔加工常用刀具有麻花钻、扩孔钻、锪钻、铰刀、内孔车刀等。

1. 麻花钻

麻花钻是应用最广泛的孔加工刀具,通常直径范围为 0.25~80mm。它由柄部、颈部和工作部分构成,如图 2-26 所示。其工作部分有两条螺旋形的沟槽,形似麻花,因而得名。

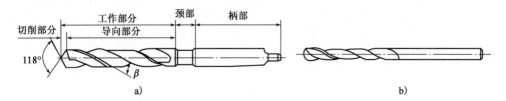

图 2-26 麻花钻结构
a) 锥柄麻花钻;b) 直柄麻花钻

麻花钻直径大于 6~8mm 时,常制成焊接式。其工作部分的材料一般用高速钢(W18Cr4V 或 W6Mo5Cr4V2)制成,淬火后的硬度可达 62~68HRC。其柄部的材料一般采用 45 钢。

2. 扩孔钻

扩孔钻一般用于孔的半精加工或终加工,用于铰或磨前的预加工或毛坯的扩大,有 3~4 个刃带,无横刃,前角和后角沿切削刃的变化小,加工时导向效果好,轴向抗力小。常用扩孔钻分为整体式扩孔钻和套式扩孔钻,如图 2-27 所示。

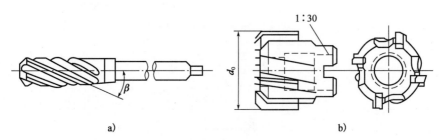

图 2-27 扩孔钻结构
a) 整体式;b) 套式

3. 锪钻

锪钻主要有:60°、90°、120°直柄锥面锪钻;60°、90°、120°锥柄锥面锪钻;带导柱直柄平底锪钻;带可换导柱锥柄平底锪钻等(图 2-28)。

锪钻类型的选择取决于加工的性质、被加工孔的位置、被加工表面的尺寸和导向孔的尺寸、表面粗糙度及加工精度。例如,欲加工置放圆锥形埋头螺钉用的孔,可采用锥形锪钻;欲加工置放螺栓及螺钉头部用的圆柱孔,可采用锥形锪钻;欲加工置放螺栓及螺钉头部用的圆柱孔,可采用圆柱形锪钻。

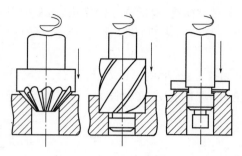

图 2-28 几种不同的锪钻

当锪大尺寸凸台时,可采用对称或不对称的端面刀片。采用可换导向枢轴可改善锪钻的刃磨条件,而采用可回转的枢轴及可回转的导套可避免刀具的咬住及崩坏。当加工远离零件端面的凸台时及当加工内部的和"反面的"凸台时,可采用插装在特殊刀杆上的套式端面锪钻,刀杆长度的选择取决于凸台位置。

锪钻的尺寸选择取决于被加工孔的尺寸(直径及深度)及被加工凸起部的直径。当加工凸起部时,锪钻切削部分的直径或刀片的宽度应较凸起部的直径稍大,以保证超出被加工的表面。

4. 铰刀

铰刀是定尺寸刀具,其直径的大小取决于被加工孔所需要的孔径。

铰刀由柄部、颈部和工作部分组成。柄部用于传递转矩,颈部连接柄部和工作部分,工作部分由引导锥、切削部分和校准部分组成。校准部分包括圆柱部分和导锥,它有刮削、挤压并保证孔径尺寸的作用,还能起导向作用。铰刀分为手用铰刀和机用铰刀,如图 2-29 所示。铰刀分为 3 个精度等级,分别用于铰削 H7、H8、H9 精度的孔。

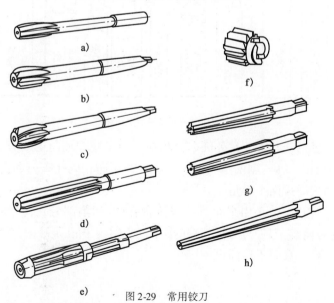

图 2-29 常用铰刀

a)直柄机用铰刀;b)锥柄机用铰刀;c)硬质合金锥柄机用铰刀;d)普通手用铰刀;e)可调节手用铰刀;f)套式机用铰刀;g)直柄莫氏圆锥铰刀;h)手用 1:50 锥度销子铰刀

(1) 手用铰刀。它的校准部分较长，以增强导向作用，但摩擦力增加，排屑困难。

(2) 机用铰刀。机用铰刀的导向由机床保证，校准部分较短，因此要提高铰刀的定心作用。

常见铰刀类型有直柄机用铰刀、锥柄机用铰刀、硬质合金锥柄机用铰刀、普通手用铰刀、可调节手用铰刀、套式机用铰刀、直柄莫式机用铰刀、手用 1∶50 锥度销子铰刀等，如图 2-20 所示。

5. 内孔车刀

铸造孔、锻造孔、型材孔或用钻头钻出的孔，为了达到所要求的精度和表面粗糙度，还需要车孔。根据不同的加工情况，内孔车刀可分为通孔车刀和盲孔车刀两种。如图 2-30 所示，为所有常用车刀的种类及用途。

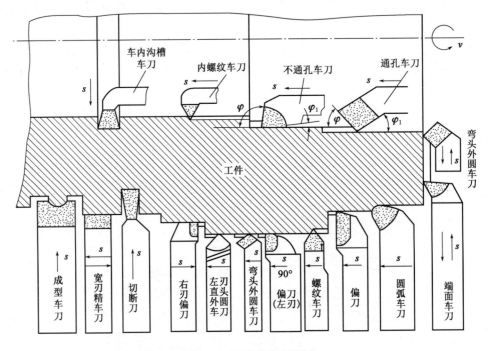

图 2-30　车刀的种类及用途

(1) 通孔车刀。其形状基本上与外圆车刀相似。为了减少径向切削力，防止振动，主偏角应取得较大，一般为 60°~70°，副偏角为 15°~30°。为了防止内孔车刀和孔壁的摩擦，而又不使后角磨得太大，一般磨成两个后角。

(2) 盲孔车刀。盲孔车刀是用来车盲孔或阶台孔的，切削部分几何形状基本上与偏刀相似。刀尖在刀杆的最前端，刀尖与刀杆外端的距离 a 应小于内孔半径 R，否则孔的底平面就无法车平。车内孔阶台时，只要不碰即可。

6. 拉削刀具

拉削刀具是用于加工各种不同形状的孔及外表面的金属切削加工多刃刀具。工作表面通过拉削一次行程即可完成粗、精加工，生产率极高，且由于拉削速度低、拉削过程平稳和切削层厚度小,加工精度可达 H7 级,表面粗糙度 Ra 可达 $0.8\mu m$。如图 2-31 所示,为几种常用拉刀的种类及用途(包括圆孔拉刀)。

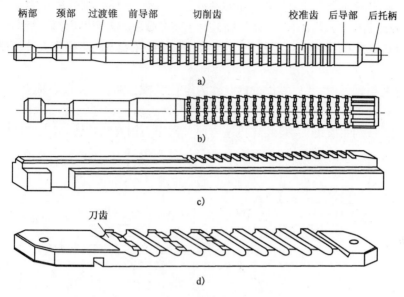

图 2-31 常用拉刀的类型
a)圆孔拉刀;b)花键拉刀;c)键槽拉刀;d)平面拉刀

六、套筒零件的常用夹具

因拉削加工孔时,工件以被加工孔自身定位并以工件端面为支承面,在一次行程内便可完成粗加工—精加工—光整加工等阶段的工作,套筒零件的拉削过程中不需要夹具。

1. 车床上用于加工套筒零件的常用夹具

1)卡盘

卡盘是应用最多的车床夹具,它是利用其背面凸缘盘上的螺纹直接装在车床主轴上的。卡盘分为三爪自定心卡盘和四爪单动卡盘两种,如图 2-32 所示。

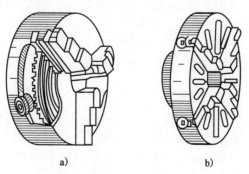

图 2-32 卡盘
a)三爪自定心卡盘;b)四爪单动卡盘

三爪自定心卡盘的三个卡爪同时移动并能自行对中,装夹零件方便、迅速,不需找正,具有较高的自动定心精度(0.05~0.15mm),但其夹紧力较小,特别适合于快速装夹轴类、盘类、套筒等零件,方便可靠,但不适合于装夹形状不规则的零件。

四爪单动卡盘的四个卡爪通过4个调整螺杆独立移动,有很大的夹紧力,其卡爪可以单独调整,不但可以安装截面为圆形的零件,还特别适合于装夹截面为方形、长方形、椭圆形等形状不规则的零件。但其装夹零件较慢,需要找正,而且找正的精度主要取决于操作人员的技术水平。

2) 心轴

精加工盘套筒零件时,常以零件的内孔作为定位基准,零件安装在心轴上,再把心轴装在两顶尖之间进行加工。这样做既可以保证零件的内外圆加工的同轴度,又可以保证零件的被加工端面与轴心线的垂直度,并且装夹迅速方便。常用心轴有圆锥体心轴、圆柱体心轴和弹性胀套心轴等,如图2-33所示。

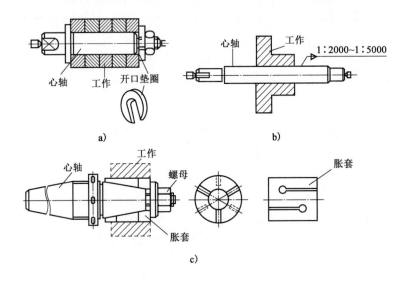

图2-33 心轴装夹工件
a) 圆柱心轴;b) 锥度心轴;c) 胀套心轴及胀套

图2-23a)所示为圆柱心轴装夹工件,其对中精度稍差,但夹紧力较大。

这种心轴的端面需要与圆柱面垂直,工件的端面也需要与孔垂直。图2-23b)所示为锥度心轴,其锥度为1:2000~1:5000,对中性好,装卸方便,但不能承受较大的切削力,多用于精加工。图2-23c)所示为弹性胀套心轴,它可以直接装在车床主轴锥孔内,转动螺母可使开口套筒沿轴向移动,靠心轴锥度使套筒径向胀开,撑紧工件。采用这种装夹方式时,装卸工件较方便。

2. 钻床常用夹具及附件

在钻床上进行孔加工时,零件的装夹方法方式灵活,所用的附件较多,常用的装夹零件的附件有虎钳、压板螺栓、V形架和钻模等。小型零件和薄板小零件一般用手虎钳装夹;中小型零件通常用平口钳装夹;大型零件可用压板螺栓直接安装在工作台上;在圆轴或套筒上钻孔时,一般把零件安装在V形架上,再用压板螺栓压紧;在成批和大量生产中,尤其在加工孔系时,为了保证孔及孔系的精度,提高生产率,广泛采用钻模来装夹零件,如图2-34所示。

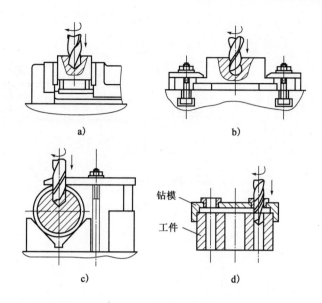

图 2-34 钻床零件装夹
a)用虎钳装夹;b)用压板螺栓装夹;c)用 V 形架装夹;d)用钻模装夹

3. 磨床上盘套筒零件工件的装夹

磨削盘套筒零件外圆时,经常采用心轴装夹方式,常用心轴有:

1)小锥度心轴

如图 2-35 所示,其定位锥度很小(1/1000～1/8000)圆锥面依靠主轴与工件内孔表面的弹性变形,使工件均匀地胀紧在心轴圆锥面上。这种装夹方法工件内外圆的同轴度误差在 0.005mm 以内。由于工件内孔有公差,工件在心轴上的轴向位置变动较大,磨削时控制轴向尺寸不便。若工件内孔公差较大,则必须把心轴做得很长,从而使得心轴的刚性变差。若工件定位面长度很短,则工件不稳固。因此这种心轴只适用于内孔精度较高、尺寸不大、定位长度大于内孔直径的零件。

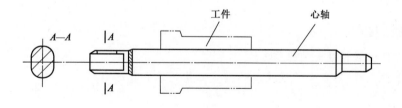

图 2-35 小锥度心轴

2)台肩心轴

如图 2-36 所示,它是以其外圆柱面和台肩端面定位,便于控制工件的轴向位置。由于工件内孔和心轴外圆均有制造误差,二者间的间隙会造成工件安装时的偏心,导致磨削后的外圆与内孔不同轴。因此带台肩心轴只能用于内孔和外圆同轴度要求不高的零件的磨削。

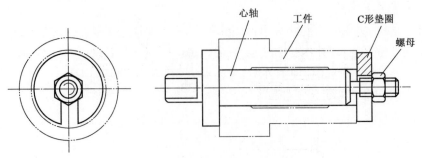

图2-36 台肩心轴

任务实施

一、实施环境

理实一体化教学车间或普通教室。

二、实施步骤

依据图2-1零件图编制轴承套零件机械加工工艺卡。

辅线任务　轴承套零件的加工与检测

任务2.5　轴承套零件的加工与检测

学习目标

1. 掌握保证套筒零件技术要求的方法；
2. 掌握套筒零件中孔径、形状精度和位置精度的测量方法。

问题引导

1. 套筒零件位置精度如何保证？
2. 套筒零件孔径、形状和位置精度的测量工具和方法有哪些？

知识导航

一、保证套筒零件技术要求的方法

套筒工件主要的加工表面是孔、外圆和端面。内孔一般用钻孔、车孔或钻孔、铰孔来达到尺寸精度和表面粗糙度要求。孔达到以上技术要求后，套筒加工的关键问题是如何使其达到图样所规定的各项形位公差要求。

下面介绍保证同轴度和垂直度的方法。

1. 在一次安装中完成

在单件生产时，可以在一次安装中把工件全部或大部分加工完毕。这种方法没有定位误差。如果车床精度较高，可获得较高的形位精度。但是，采用这种方法车削时需要经常转换刀架，如图 2-37 所示的工件，轮流使用外圆车刀、45°车刀、钻头（包括车孔或扩孔）、铰刀和切断刀等刀具加工。如果刀架定位定都较差，尺寸较难掌握，切削用量也要时常改变。

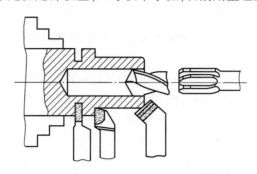

图 2-37　一次安装中完成工件加工

2. 以内孔为基准保证位置精度

中、小型的套。带轮、齿轮等零件一般可用心轴，以内孔作为定位基准来保证工件的同轴度和垂直度。心轴由于制造容易，使用方便，因此在工厂中应用很广泛。常用的心轴有下列几种。

1) 实体心轴

实体心轴有不带阶台的实体心轴和带阶台的实体心轴两种。不带阶台的实体心轴有 1:1000~1:5000 的锥度，又称小锥度心轴，这种心轴的优点是制造容易，加工出的零件精度较高；缺点是长度无法定位，承受切削力小，装卸不太方便。阶台式心轴的圆柱部分与零件孔保持较小的间隙配合，工件靠螺母来压紧。优点是一次可以装夹多个零件；缺点是精度低。如果装上快换垫圈，装卸工件将非常方便。

2) 胀力心轴

胀力心轴依靠材料弹性变形所产生的胀力来固定工件，由于装卸方便，精度较高，工厂中使用非常广泛。

可装在机床主轴孔中的胀力心轴。根据经验，胀力心轴塞的锥角最好为 30°左右，最薄部分壁厚 3~6mm。为了使胀力保持均匀，槽可做成三等分。临时使用的胀力心轴可用铸铁做成，长期使用的胀力心轴可用弹簧钢（65Mn）制成。这种心轴使用方便，因此得到广泛采用。

以上方法是一种以工件内孔为基准来达到相互位置精度的方法，其优点是：设计制造简单，装卸方便，比较容易达到技术要求。但是，当加工外圆很大、内孔很小、定位长度较短的工件时，应该采用外圆为基准来保证技术要求。

3. 用外圆为基准保证位置精度

工件以外圆为基准保证位置精度时，车床上一般应用软卡爪装夹工件。软卡爪是用未经淬火的钢材(45钢)制成的。首先,这种卡爪可确保装夹精度。其次,当装夹已加工表面或软金属工件时,不易夹伤工件表面。另外,还可根据工件的特殊形状,相应地车制软卡爪,以装夹工件。软卡爪在企业中已得到越来越广泛的应用。

二、套筒零件的测量

1. 孔径的测量

孔的尺寸精度要求较低时,可采用内卡钳或游标卡尺;精度高时,可采用以下几种方法。

1)内卡钳

在孔口试切削或位置狭小时,使用内卡钳显得灵活方便(图2-38)。内卡钳与外径千分尺配合使用,也能测量出较高精度(IT7~IT8)的孔径。

2)塞规

用塞规检验孔径时,当过端进入孔内而止端不能进入孔内时,说明孔径合格。测量盲孔时,为了排除孔内的空气,在塞规的外圆上(轴向)开有排气槽(图2-39)。

图2-38 内卡钳及使用方法　　　　图2-39 光滑圆柱塞规

3)内径百分尺

测量时,内径百分尺应在孔内摆动,在直径方向应找出最大尺寸,轴向应找出最小尺寸,这两个重合尺寸就是孔的实际尺寸。图2-40所示为内径百分尺的使用方法。

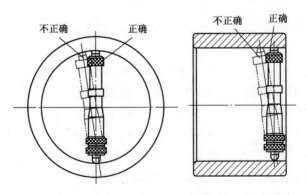

图2-40 内径百分尺的使用方法

4)内径千分尺

当孔径小于25mm时,可用内径千分尺测量。内径千分尺测量及其使用方法如图2-41所示。

这种千分尺刻线方向与外径千分尺相反,当微分筒顺时针旋转时,活动爪向右移动,量值增大。

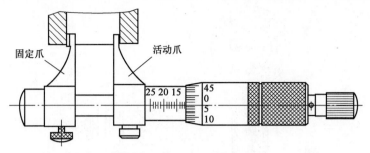

图 2-41 内径千分尺的使用方法

2. 形位精度的测量

1) 百分表

工件的形状和位置精度一般用百分表(或千分表)来测量。百分表是一种指示式量仪。其刻度值为 0.01mm。刻度值为 0.001mm 或 0.002mm 的为千分表。

常用的百分表有钟表式和杠杆式两种,如图 2-42 所示。

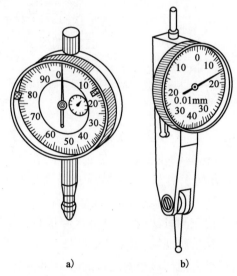

图 2-42 钟表式和杠杆式百分表
a)钟表式;b)杠杆式

钟表式百分表的工作原理是将测杆的直线移动,经过齿条齿轮传动放大,转变为指针的移动,表面上一格的刻度值为 0.01mm。

杠杆式百分表是利用齿轮放大原理制成的。由于杠杆式百分表的球面测杆可以根据测量需要改变位置,因此使用灵活方便。

2) 内径百分表(或千分表)

内径百分表的使用方法如图 2-43 所示。将百分表装在测量架上,触头通过摆动块、杆,将测量值1:1地传递给百分表。固定测量头可根据孔径大小更换。为了便于测量,测量头旁装有定心器,测量力由弹簧产生。

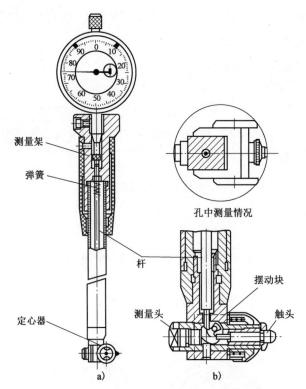

图 2-43　内径百分表结构原理测量头部放大图

3. 形状精度的测量

在车床上加工的圆柱孔,针对其形状精度,一般仅测量孔的圆度和圆柱度(一般测量孔的锥度)两项形状偏差。当孔的圆度要求不是很高时,在生产现场可使用内径百分表或千分表在孔的圆周的各个方向上测量,测量结果是最大值与最小值之差的一半即为圆度误差。

使用内径百分表测量属于比较测量法(图 2-44)。测量时,必须摆动内径百分表,所得的最小尺寸就是孔的实际尺寸。在生产现场,测量孔的圆柱度时,只要在孔的全长上取前、中、后几个点,比较其测量值大小,其最大值与最小值之差的一半即为全长上圆柱度误差。内径百分表也可以测量孔的圆度。测量时,只要在孔径圆周上变换方向,比较其测量值即可。内径百分表与外径千分尺或标准套规配合使用时,也可以比较出孔径的实际尺寸。

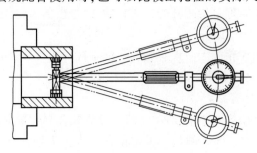

图 2-44　内径百分表的测量

4. 位置精度的测量

1) 径向圆跳动的测量

一般套筒零件测量径向圆跳动时,都可以用内孔作为测量基准,将工件套在高精度心轴上,用百分表或千分表来检验,如图 2-45 所示,百分表在工件转动一周所得的读数即为径向圆跳动误差。

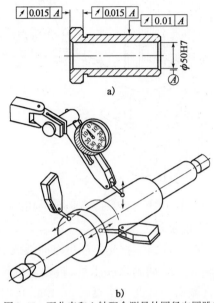

图 2-45 百分表和心轴配合测量外圆径向圆跳动
a) 工件；b) 测量方法

对某些外形简单而内部形状较复杂的套筒,不能安装在心轴上测量径向圆跳动时,可将零件放在 V 形块上径向定位,以外圆为基准来检验。如图 2-46 所示,测量时,将杠杆式百分表的测杆插入孔内,使测杆圆头接触内孔表面,转动工件。百分表在零件转动一周所得的读数差就是工件内孔径向圆跳动误差。

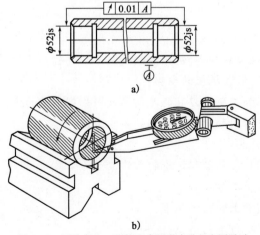

图 2-46 百分表和 V 形块配合测量内孔径向圆跳动
a) 工件；b) 测量方法

2）径向圆跳动的测量

套筒零件端面圆跳动的测量方法如图2-47所示，将工件装夹在高精度心轴上，利用心轴上极小的锥度实现零件的轴向定位，然后将杠杆式百分表的圆测头靠在所需要测量的端面上，转动心轴一周所得读数差即是该套筒零件端面圆跳动误差。

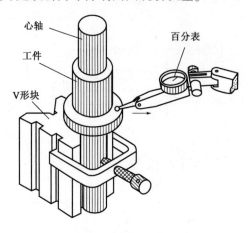

图2-47　百分表和V形块配合测量内孔径向圆跳动

3）以轴线为基准的端面垂直度测量

测量端面垂直度，必须经过两个步骤。首先要测量端面圆跳动是否符合零件要求，若符合要求，再测量端面垂直度。当端面圆跳动满足要求后，再把工件装夹在V形块的小锥度心轴上，并放置在高精度平板上检查端面垂直度。检查时，先校正心轴的垂直度，然后用百分表从端面的沿径向由里向外移动，如图2-47所示。在移动过程中百分表的读数差，就是端面对内孔的垂直度误差。

学习情境2　套筒零件的加工

 学习目标

知识目标：

1. 了解机床发展史、机床的分类、机床的组成及工作过程；
2. 掌握机床的坐标系，操作机床的步骤；
3. 掌握选择套筒零件加工所用刀具的几何参数与切削用量的方法；
4. 掌握加工套筒零件所用的量具和夹具的使用方法；
5. 掌握6S的定义和目的；
6. 掌握零件质量检测和工作过程评价的方法。

能力目标：

1. 能够读懂并分析图纸上的技术要求；
2. 能够根据技术要求拟订工艺路线；
3. 能够拟订工夹量具清单；

4. 能够查阅手册并计算切削参数；
5. 能够填写套筒加工工艺卡片；
6. 能够正确装夹工件和掌握使用工量具的方法；
7. 能够运用设备加工套筒零件；
8. 能够讨论分析套筒加工缺陷造成的原因和掌握应采取的解决措施；
9. 总结在套筒加工中的经验和不足之处；
10. 掌握如何通过精加工来保证零件尺寸。

素养目标：
1. 小组长代表本组在全班展示套筒的加工成果，各组成员说明在加工中遇到的问题及解决方案，训练学生的表达能力；
2. 查阅技术资料，对学习与工作进行总结反思，能与他人合作，进行有效沟通；
3. 车间卫生及机床的保养要符合现代6S管理目标。

一、信息（创设情境、提供资讯）

工作情景描述：

××公司需生产零件30件，指派我公司利用现有设备完成30件套筒零件的加工任务，生产周期10天。

接受任务后，借阅或上网查询有关的资料，完成以下任务：
(1) 填写产品任务单。
(2) 编制套筒零件加工工艺，填写机械工艺卡片。
(3) 运用设备批量加工生产套筒零件。
(4) 编制质量检验报告。
(5) 填写工作过程自评表和互评表。

1. 零件图样

零件图样见图2-1。

2. 任务单

产品任务单见表2-4。

产品任务单　　　　　　　　　　　　表2-4

单位名称				完成时间	
序号	产品名称	材料	生产数量	技术标准、质量要求	
1					
2					
3					
生产批准时间					
通知任务时间					
接单时间		接单人		生产班组	

3. 任务分工

明确小组内部情景角色,如小组组长、书记员、报告员、时间控制员和其他组员,填写表2-5。

任务分工　　　　　　　　　　　　　表2-5

子任务:

序号	角色	职责	人员	备注
1	组长	协调内部分工和进度		
2	报告员	口头报告		
3	书记员	书面记录		
4	控制员	控制时间		
5	组员	配合组长执行任务		
6	组员	配合组长执行任务		

二、计划(分析任务、制订计划)

(1)检查零件图是否有漏标尺寸或尺寸标注不清楚,若发现问题请指出。

(2)查阅资料,了解并说明套筒零件的用途,以及结构工艺性。

(3)说明本任务中加工零件应选择的毛坯材料、种类和尺寸(用毛坯简图表示),并说明其切削加工性能、热处理及硬度要求,填写表2-6。

计 划 制 订 表2-6

1. 毛坯选择方案	
材料	
毛坯种类	

2. 毛坯尺寸确定(毛坯图)

（4）分析零件图样,并在表2-7中写出该零件的主要加工尺寸、几何公差要求及表面质量要求。

设 计 内 容 表2-7

序 号	项 目	内 容	偏差范围
1	主要结构要素		
2	次要结构要素		
3	主要加工尺寸		
4			
5			
6	形位公差要求		
7			
8			
9			
10			
11	表面质量要求		
12			
13			
14			
15			
16	结构工艺性		

(5) 以小组为单位,讨论该零件的定位基准,合理拟订该零件的工艺路线,填写表2-8。

拟 订 工 艺 路 线　　　　　　表2-8

1. 定位基准分析	
粗基准	
精基准	

2. 机械加工工艺路线拟订
工艺路线1:
工艺路线2:

3. 工艺路线论证分析
论证
结论:

(6) 根据图样要求,在图2-48所示的刀具中选择合适的刀具,并拟订刀具清单。

刀具清单

序号	名称	规格	数量	用途

图 2-48　刀具

(7) 拟订加工该零件所用的工量具清单,并进行准备,填写表 2-9。

工 量 具 清 单　　　　　　　　　　　表 2-9

序　号	名　　称	规　格	数　量	用　途

三、决策(集思广益、作出决定)

(1) 说明什么是机械加工工艺规程,以及其在工业生产中的意义。

(2) 查阅机械手册,计算关键工序切削参数。

续上表

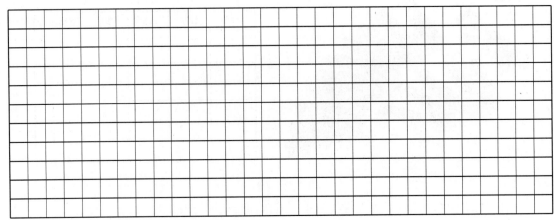

(3) 根据工艺路线和刀具表,填写机械加工工艺卡(表2-10)。

四、实施(分工合作、沟通交流)

1. 车床安全操作规程

1) 安全操作基本注意事项

(1) 工作时穿好工作服、安全鞋,戴好工作帽及防护镜。注意:不允许戴手套操作机床。

(2) 不要移动或损坏安装在机床上的警告标牌。

(3) 不要在机床周围放置障碍物,工作空间应足够大。

(4) 某一项工作如需要两人或多人共同完成时,应注意相互间的协调一致。

(5) 不允许采用压缩空气清洗机床、电气柜及 NC 数控单元。

2) 工作前的准备工作

(1) 机床开始工作前要有预热,认真检查润滑系统工作是否正常,如机床长时间未开动,可先采用手动方式向各部分供油润滑。

(2) 使用的刀具应与机床允许的规格相符,有严重破损的刀具要及时更换。

(3) 调整刀具,所用工具不要遗忘在机床内。

(4) 大尺寸轴类零件的中心孔是否合适,中心孔如太小,工作中易发生危险。

(5) 刀具安装好后应进行一两次试切削。

(6) 检查卡盘夹紧状态。

(7) 机床开动前,必须关好机床防护门。

3) 工作过程中的安全注意事项

(1) 禁止用手接触刀尖和铁屑,铁屑必须要用铁钩子或毛刷来清理。

(2) 禁止用手或其他任何方式接触正在旋转的主轴、工件或其他运动部位。

(3) 禁止加工过程中测量、变速,更不能用棉丝擦拭工件,也不能清扫机床。

(4) 车床运转中,操作者不得离开岗位,发现机床异常现象立即停车。

(5) 经常检查轴承温度,过高时应找有关人员进行检查。

(6) 在加工过程中,不允许打开机床防护门。

表 2-10

机械加工工艺卡片

单位		产品型号		零件图号			共 页	
		产品名称		零件名称			第 页	
材料牌号		毛坯种类		毛坯尺寸		零件单件质量(kg)		工艺简图
工序号	工序名称	工步号	工序、工步内容	程序号	设备型号	工艺装备		
						夹具	刀具与刀号	量具
						切削参数		
						主轴转速	进给速度	背吃刀量

(7)严格遵守岗位责任制,机床由专人使用,他人使用须经本人同意。

(8)工件伸出车床100mm以外时,须在伸出位置设防护物。

4)工作完成后的注意事项

(1)清除切屑、擦拭机床,使用机床与环境保持清洁状态。

(2)注意检查或更换磨损的机床导轨上的油擦板。

(3)检查润滑油、冷却液的状态,及时添加或更换。

(4)依次关掉机床操作面板上的电源和总电源。

2.6S 职业规范

1)6S 的定义及目的

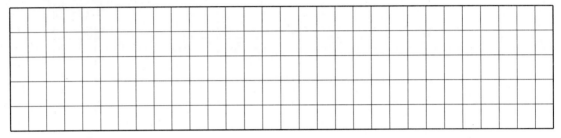

2)1S——整理

(1)目的:

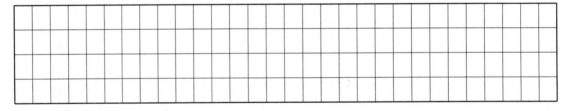

(2)作用:

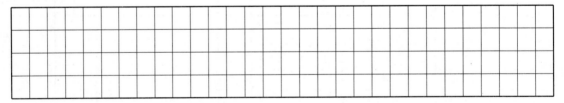

3)2S——整顿

(1)目的:

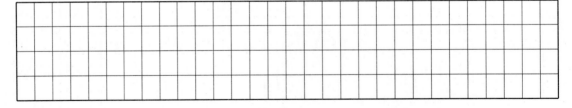

(2)作用：

4) 3S——清扫

(1)目的：

(2)作用：

5) 4S——清洁

(1)目的：

(2)作用：

6) 5S——素养（又称修养、心灵美）

(1)目的：

(2)作用:

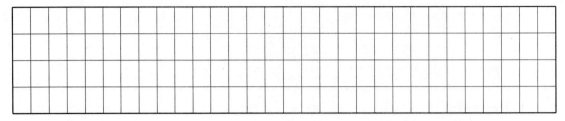

7)6S——安全(SAFE)

(1)目的:

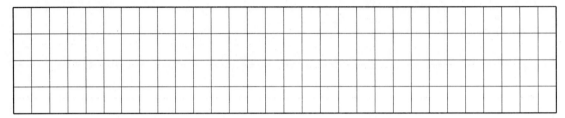

(2)作用:

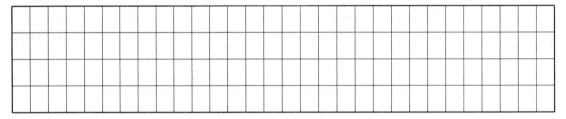

3.制订组员分工计划(含坯料准备、工位准备、工具准备、加工实施、6S等方面)。

制订组员分工计划,填写表2-11。

分工计划　　　　　　　　　　表2-11

序　号	计划内容	人　员	时间(分钟)	备　注
1	坯料准备			
2	工位准备			
3	工量刀具准备			
4	加工实施			
5	监督、6S			

4.领取材料并进行加工前准备

(1)以情境模拟的形式,到材料库领取材料,并填写领料单(表2-12)。

领 料 单　　　　　　　　　　　　　　　　　表 2-12

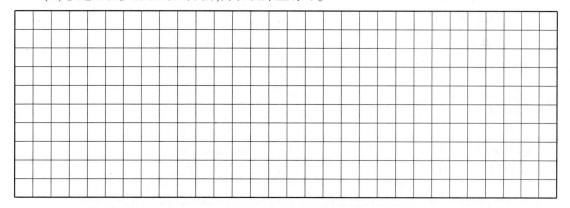

(2) 领取毛坯料,并测量外形尺寸,判断毛坯是否有足够的加工余量。

(3) 根据工量具清单和刀具清单准备工量刀具。

(4) 给相关部位加注润滑油,检查油标。

5. 启动加工设备,运用加工设备加工零件

(1) 叙述开机步骤和对刀方法,并在机床上练习。

(2) 叙述粗、精加工对转速及进给量的要求,并说明原因。

五、控制(查漏补缺、质量检测)

(1) 明确检测要素、组内检测分工(表2-13)。

检测要素与分工　　　　　　　　　　　表2-13

序　号	检测要素	检测人员	工　量　具

(2) 按照评分标准进行零件检测(表2-14)。

零件检测评分表　　　　　　　　　　　表2-14

工件编号				总得分				
项目与配分		序号	技术要求	配分	评分标准	自测记录	得分	互测记录
工件加工评分(70%)	外形轮廓	1		20	超差全扣			
		2		10	超差全扣			
		3		10	每错一处扣2分			
		4		10	超差全扣			
		5		10	超差0.01mm扣3分			
		6		10	每错一处扣1分			
程序或工艺(20%)		7	加工工序卡	20	不合理处每处扣2分			
机床操作(10%)		8	机床操作规范	5	出错一次扣2分			
		9	工件、刀具装夹	5	出错一次扣2分			
安全文明生产(倒扣分)		10	安全操作	倒扣	安全事故停止操作或酌扣5~30分			
		11	6S	倒扣				

(3) 根据检测结果,小组讨论和分析产生废品的原因及预防措施并填写表2-15。

废品产生原因及预防措施　　　　　　　表2-15

项　　目	废品种类	产生原因	预防措施

六、评价(总结过程、任务评估)

(1)小组按照评分标准进行工作过程自评(表2-16)。

工作过程评价小组自评表 表2-16

班级		组名		日期	年　月　日
评价指标	评价要素			分数	分数评定
信息检索	能有效利用网络资源、工作手册查找有效信息;能用自己的语言有条理地去解释、表述所学知识;能对查找到的信息有效转换到工作中			10	
感知工作	是否熟悉各自的工作岗位,认同工作价值;在工作中,是否获得满足感			10	
参与状态	与教师、同学之间是否相互尊重、理解、平等;与教师、同学之间是否能够保持多向、丰富、适宜的信息交流			10	
	探究学习,自主学习不流于形式,处理好合作学习和独立思考的关系,做到有效学习;能提出有意义的问题或能发表个人见解;能按要求正确操作;能够倾听、协作分享			10	
学习方法	工作计划、操作技能是否符合规范要求;是否获得了进一步发展的能力			10	
工作过程	遵守管理规程,操作过程符合现场管理要求;平时上课的出勤情况和每天完成工作任务情况;善于多角度思考问题,能主动发现、提出有价值的问题			15	
思维状态	是否能发现问题、提出问题、分析问题、解决问题、创新问题			10	
自评反馈	按时按质完成工作任务;较好地掌握了专业知识点;具有较强的信息分析能力和理解能力;具有较为全面严谨的思维能力并能条理明晰表述成文			25	
自评分数					
有益的经验和做法					
总结反思建议					

(2)小组之间按照评分标准进行工作过程互评(表2-17)。

工作过程评价小组互评表　　　　　　　　　　　　　　　　表2-17

班级		被评组名		日期	年　月　日
评价指标	评价要素			分数	分数评定
信息检索	该组能否有效利用网络资源、工作手册查找有效信息			5	
	该组能否用自己的语言有条理地去解释、表述所学知识			5	
	该组能否对查找到的信息有效转换到工作中			5	
感知工作	该组能否熟悉自己的工作岗位,认同工作价值			5	
	该组成员在工作中,是否获得满足感			5	
参与状态	该组与教师、同学之间是否相互尊重、理解、平等			5	
	该组与教师、同学之间是否能够保持多向、丰富、适宜的信息交流			5	
	该组能否处理好合作学习和独立思考的关系,做到有效学习			5	
	该组能否提出有意义的问题或能发表个人见解;能按要求正确操作;能够倾听、协作分享			5	
	该组能否积极参与,在产品加工过程中不断学习,综合运用信息技术的能力提高很大			5	
学习方法	该组的工作计划、操作技能是否符合规范要求			5	
	该组是否获得了进一步发展的能力			5	
工作过程	该组是否遵守管理规程,操作过程符合现场管理要求			5	
	该组平时上课的出勤情况和每天完成工作任务情况			5	
	该组成员是否能加工出合格工件,并善于多角度思考问题,能主动发现、提出有价值的问题			15	
思维状态	该组是否能发现问题、提出问题、分析问题、解决问题、创新问题			5	
自评反馈	该组能严肃认真地对待自评,并能独立完成自测试题			10	
互评分数					
简要评述					

(3)教师按照评分标准对各小组进行任务工作过程总评(表2-18)。

任务工作过程总评表　　　　　　　　　　　　　　　　　　　　　表2-18

班级		组名		姓名		
出勤情况						
一	信息	口述任务内容并分组分工	1. 表述仪态自然、吐字清晰	5	表述仪态不自然或吐字模糊扣1分	
			2. 表述思路清晰、层次分明、准确，分组分工明确		表述思路模糊或层次不清扣2分，分工不明确扣2分	
二	计划	依据图样分析工艺并制订相关计划	1. 分析图样关键点准确	10	表述思路或层次不清扣2分	
			2. 制订计划及清单清晰合理		计划及清单不合理扣3分	
三	决策	制订加工工艺	制订合理工艺	9	一处工步错误扣1分，扣完为止	
四	实施	加工准备	1. 工具(扳手、垫刀片)、刀具、量具准备	3	每漏一项扣1分	
			2. 机床准备(电源、冷却液)		没有检查扣1分	
			3. 资料准备(图纸)		实操期间缺失扣1分	
			4. 以情境模拟的形式，体验到材料库领取材料，并完成领料单	2	领料单填写不完整扣1分	
		加工	1. 正确选择、安装刀具	5	选择错误扣1分，扣完为止	
			2. 查阅资料，正确选择加工参数	5	选择错误扣1分，扣完为止	
			3. 正确实施零件加工无失误（依据零件评分表）	40		
		现场	1. 在加工过程中保持6S、三不落地	5	每漏一项扣1分，扣完此项分为止	
			2. 机床、工具、量具、刀具、工位恢复整理	5	每违反一项扣1分，扣完此项分为止	
五	控制		正确读取和测量加工数据并正确分析测量结果	5	能自我正确检测工件并分析原因，每错一项，扣1分，扣完为止	
六	评价	工作过程评价	1. 依据自评分数	3		
			2. 依据互评分数	3		
七	合计			100		

拓展训练项目导入

任务对象：图2-49所示为另一轴承套零件图，生产类型为中等批量生产，材料为ZQSn6-6-3。

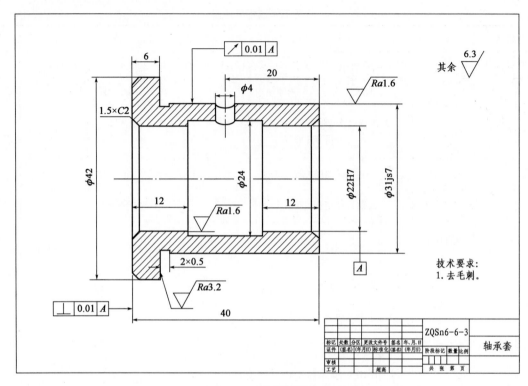

图 2-49 轴承套零件图

任务要求:完成图 2-49 所示轴承套零件的机械加工工艺文件编制,填写轴承套机械加工工艺卡;在条件允许的情况下操作机床加工零件,并进行零件的质量分析和检测,验证编制工艺的合理性。

模块三　阶梯轴零件机械加工工艺编制及实施

1. 掌握阶梯轴零件内孔表面的一般加工方法；
2. 掌握阶梯轴零件孔加工常用设备、刀具和夹具；
3. 掌握保证阶梯轴工件技术要求的方法；
4. 掌握阶梯轴零件的精度检测方法。

1. 能够依据零件图进行阶梯轴零件技术要求和工艺性分析；
2. 能够依据阶梯轴零件图分析结果选择毛坯材料和种类；
3. 能够依据零件图分析结果拟订零件加工工艺路线；
4. 能够编制阶梯轴零件机械加工工艺卡片；
5. 能够进行阶梯轴零件的加工和质量检测。

示教项目导入

任务对象：图 3-1 所示为阶梯轴零件图，材料 45 钢，生产类型为中等批量生产。

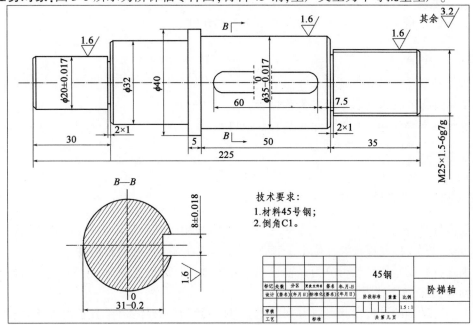

图 3-1　阶梯轴零件图

任务要求：完成图 3-1 所示阶梯轴零件的机械加工工艺文件编制，填写阶梯轴机械加工工艺卡；在条件允许的情况下操作机床加工零件，并进行零件的质量分析和检测，验证编制工艺的合理性。

主线任务　阶梯轴零件的机械加工工艺编制

任务 3.1　零件图图样分析

知识目标：

1. 掌握零件图图样分析的一般方法；
2. 掌握零件技术要求分析的一般方法；
3. 掌握零件结构工艺性概念；
4. 掌握零件结构要素和整体结构工艺性分析的方法。

能力目标：

1. 能够依据零件图图样审查视图是否符合机械制图国家标准；
2. 能够依据机械制图国家标准审查尺寸、尺寸公差、形状公差、位置公差和表面粗糙度是否标注齐全、合理；
3. 能够分析零件的结构要素、整体结构的作用和功能；
4. 能够依据现有生产条件分析零件技术要求的合理性；
5. 能够进行零件整体结构和结构要素的工艺性分析。

1. 阶梯轴的功能和作用是什么？
2. 阶梯轴零件技术要求分析有哪些内容？
3. 阶梯轴有哪些加工表面？结构工艺性如何？

一、轴类零件的功用与结构特点

　　轴类零件是机械产品中的主要零件之一，它通常被用于支承传动零件（齿轮、带轮等）、传递转矩、承受载荷，以及保证装在轴上的零件（或刀具）具有一定的回转精度。

　　轴类零件根据结构形状可分为光轴、空心轴、半轴、阶梯轴、花键轴、十字轴、偏心轴、曲轴及凸轮轴等，如图 3-2 所示。

　　由上述各种轴的结构形状可以看到，轴类零件一般为回转体零件，其长度大于直径，加工表面通常有内外圆柱面、圆锥面以及螺纹、花键、键槽、横向孔、沟槽等。

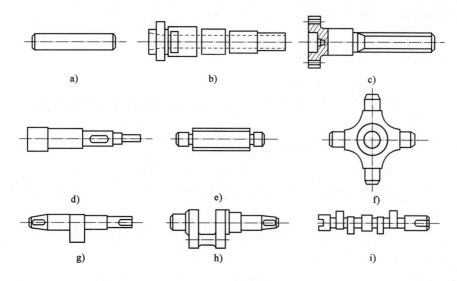

图3-2 轴的种类
a)光轴;b)空心轴;c)半轴;d)阶梯轴;e)花键轴;f)十字轴;g)偏心轴;h)曲轴;i)凸轮轴

二、轴类零件的技术要求

1. 尺寸精度

轴类零件的尺寸精度主要指直径精度和长度精度,直径精度要比长度精度的要求高得多。

在轴类零件的各段直径中,轴颈是轴类零件的主要表面,它影响着轴的回转精度及工作状态。轴颈的直径精度根据其使用要求通常为 IT9 ~ IT6,精密轴颈可达 IT5。

2. 几何形状精度

轴类零件的几何形状精度主要是轴颈的圆度和圆柱度。

轴颈的几何形状精度(圆度和圆柱度)一般应限制在直径公差范围内或要求圆度误差小于 0.01mm。对几何形状精度要求较高时,可在零件图上另行规定其允许的公差,有时圆度误差可在 0.001 ~ 0.005mm 以内。

3. 位置精度

轴的位置精度主要是指装配传动件的配合轴颈相对于装配轴承的支承轴颈的同轴度或跳动,通常是用配合轴颈对支承轴颈的径向圆跳动来表示的。根据使用要求,规定高精度轴的径向圆跳动为 0.001 ~ 0.005mm,而一般精度轴的径向圆跳动为 0.01 ~ 0.03mm。

此外,还有内外圆柱面的同轴度和轴向定位端面与轴心线的垂直度要求等。

4. 表面粗糙度

根据零件的表工作部位的不同,可有不同的表面粗糙度值。例如,普通机床主轴支承轴颈的表面粗糙度 Ra 为 0.63 ~ 0.16μm,配合轴颈的表面粗糙度 Ra 为 2.5 ~ 0.63μm,随着机器运转速度的增大和精密程度的提高,对轴类零件表面粗糙度值的要求也将越来越小。

任务实施

一、实施环境

理实一体化教学车间或普通教室。

二、实施步骤

对图 3-1 所示零件进行如下步骤的图样分析。

1. 零件图图样分析

按零件图分析的一般方法审查设计图样的完整性和正确性,阶梯轴零件视图准确,图样标注应该符合国家标准。

分析零件图的结构,确定零件及零件的作用和功能,分析零件结构由哪些结构要素组成,确定每个结构要素的功能和作用。

2. 零件的技术要求分析

在不影响产品使用性能的前提下,产品设计应当满足经济性要求,尽可能地降低产品的制造精度。工艺人员有责任审查零件的技术要求是否合理及在现有生产条件下能否达到设计要求,并与设计人员一起共同研究探讨改进设计以降低成本。

零件的技术要求主要有尺寸精度、形状精度、位置精度、表面质量、热处理及其他技术要求。

3. 零件的结构工艺性分析

根据零件结构工艺性的一般原则,判断该零件的结构工艺性是否良好,如果结构工艺性不好,提出改进的工艺结构。

任务 3.2 　毛 坯 选 择

 学习目标

知识目标:
1. 了解阶梯轴常用毛坯的种类;
2. 掌握阶梯轴毛坯的选用方法;
3. 熟悉确定阶梯轴毛坯形状和尺寸选用原则。

能力目标:
1. 能够依据零件图及零件图分析结果合理选用毛坯种类;
2. 能够依据零件图熟练确定毛坯形状和尺寸。

问题引导

1. 选择毛坯包含哪些内容?
2. 零件的材料选择是否合理?热处理工艺是否合理?

3. 零件毛坯形状和尺寸如何确定？

一、轴类零件的材料和毛坯

合理选用材料和毛坯，对提高轴类零件的强度和使用寿命将重要意义，同时也对轴的加工过程有极大的影响。

1. 轴类零件的材料

轴类零件材料的选用应根据其不同的工作条件和使用要求，在满足其力学性能（包括材料强度、韧性、耐磨性和抗腐蚀性等）的前提下，选择合理的热处理和表面处理方法（发蓝处理、镀铬等），以使零件达到良好的强度、刚度和所需的表面硬度。

一般轴类零件常用45钢，根据不同的工作条件采用不同的热处理规范（如正火、调质、淬火等），以获得一定的强度、韧性和耐磨性。

对中等精度而转速较高的轴类零件，可选用40Cr等合金钢。这类钢经调质和表面淬火处理后，具有较高的综合力学性能。精度较高的轴，有时还用轴承钢GCr15和弹簧钢65Mn等材料，它们通过调质和表面淬火处理后，表面硬度可达50～58HRC，并具有更高的耐磨性和耐疲劳性能。

对于高转速、重载荷等条件下工作的轴，可选用20CrMnTi、20Mn2B、20Cr等低碳合金钢或38CrMoAlA氮化钢。低碳合金钢经渗碳淬火处理后，可获得很高的表面硬度及较软的芯部组织，因此具有很好的抗冲击韧性和耐磨性，而且热处理变形很小。对于渗氮钢，由于渗氮温度比淬火温度低，经调质和表面渗氮后，变形小而硬度却很高，具有很好的耐磨性和耐疲劳强度。

2. 轴类零件的毛坯

轴类零件的毛坯最常用的是圆棒型材和锻件，只有某些大型的、结构复杂的轴才采用铸件。由于毛坯经过加热锻造后，能使金属内部的纤维组织沿表面均匀分布，从而获得较高的抗拉、抗弯及抗扭强度。所以，除光轴、直径相差不大的阶梯轴可使用圆棒型材外，比较重要的轴大都采用锻件。

根据生产规模的大小决定毛坯的锻造方式。一般模锻件因需要昂贵的设备和专用锻模，成本高，故适用于大批量生产；而单件小批生产时，一般宜采用自由锻件。

3. 轴类零件的预加工

轴类零件在车削加工之前，应对其毛坯进行预加工。预加工包括校正、切断、切端面和钻中心孔。

（1）校正。校正棒料毛坯在制造、运输和保管过程中产生的弯曲变形，以保证加工余量均匀及送料装夹的可靠。校正可在各种压力机上进行。一般情况下多采用冷态下校正，简便、成本低，但有内应力。若在热态下校正，则内应力较小，但费工时，成本高。

（2）切断。当采用棒料毛坯时，应在车削外圆前按所需长度切断。切断可在弓锯床、圆盘锯床上进行，高硬度棒料的切断可在带有薄片砂轮的切割机上进行。

(3)切端面和钻中心孔。中心孔是轴类零件加工最常用的定位基准面,为保证钻出的中心孔不偏斜,应先切端面后再钻中心孔。

如果轴的毛坯是自由锻件或大型铸件,则需要进行荒车加工,以减少毛坯外圆表面的形状误差,使后续工序的加工余量均匀。

4. 轴类零件的热处理

轴类零件的质量除与所选的钢材种类有关外,还与热处理有关。轴类零件的锻造毛坯在机械加工之前,均需进行正火或退火(高碳钢)处理,使钢材的晶粒细化,以消除残余应力,降低毛坯硬度,改善切削加工性能。

轴类零件采用低碳钢或低碳合金钢时,为了获得表面硬而芯部韧的性能,一般均采用渗碳、渗氮等化学热处理方法进行表面热处理。

凡要求局部表面淬火以提高轴类零件的耐磨性,须在淬火前安排调质处理(有的采用正火)。当毛坯加工余量较大时,调质放在粗车之后、半精车之前,使粗加工产生的残余应力能在调质时消除;当毛坯加工余量较小时,调质可安排在粗车之前进行。表面淬火一般放在精加工之前,可以保证淬火引起的局部变形在精加工中得到纠正。

对于精度要求较高的轴类零件,在局部淬火和粗磨之后,还需安排低温时效处理,以消除淬火和磨削中产生的残余应力和残余奥氏体,控制尺寸稳定;对于整体淬火的精密主轴,在淬火后,还要进行定性处理,定性处理一般采用冰冷处理方法,以进一步消除加工应力,保持主轴精度。

一、实施环境

理实一体化教学车间或普通教室。

二、实施步骤

对图 3-1 所示阶梯轴零件按如下步骤选择毛坯。

1. 阶梯轴工作情况分析

分析零件的工况,如零件所处的工作环境、零件所受的载荷,零件应该具备的机械和力学性能。

2. 毛坯选择方案

在不影响产品使用性能的前提下,毛坯选择应当满足经济性要求,尽可能地降低产品的制造精度。在满足功能和使用性能的前提下,审查零件材料是否选择合理,确定毛坯的种类。

3. 毛坯形状与尺寸确定(画毛坯图)

受毛坯制造技术的限制,加之对零件精度与表面质量的要求越来越高,故毛坯某些表面留有一定的加工余量,称为毛坯加工余量。毛坯制造公差称为毛坯公差;其余量与公差可以参照有关工艺手册和标准选取。毛坯余量确定应考虑毛坯制造、机械加工、热处理等各种因素的影响。

确定毛坯形状和尺寸后,画出毛坯的工序简图。

任务 3.3 工艺过程设计

学习目标

知识目标:
1. 掌握轴类零件表面加工方法的选择;
2. 掌握轴类零件的常用加工设备、刀具和量具;
3. 掌握轴类零件的定位和装夹。

能力目标:
1. 能够依据零件技术要求进行定位基准确定;
2. 能够依据零件的结构要素特征选择合理的加工设备和刀具;
3. 能够划分加工阶段;
4. 能够安排加工顺序。

问题引导

1. 阶梯轴零件加工时通常采用哪个表面作为粗基准?哪个面作为精基准?
2. 阶梯轴外圆和内孔采用何种工艺方案加工?采用何种设备和刀具加工?
3. 阶梯轴零件的加工顺序如何安排?
4. 阶梯轴零件的加工工艺方案有几种?哪种方案最佳?为什么?

知识导航

一、轴类零件的一般加工方法

轴类零件的主要加工表面是外圆,根据其技术要求的高低常用的加工方法有车削、磨削和光整加工两种。轴类零件的端部一般为平面,一般采用车削端面加工和外圆磨床端面磨削或平面磨床磨削加工方式。轴表面的键、花键和螺纹也是轴类零件外表面上常见的加工表面,一般采用铣削、磨削等加工方式。

1. 轴类零件外圆表面的车削加工

车外圆是车削加工中最常见、最基本和最有代表性的加工方法,是加工外圆表面的主要方法,既适用于单件小批生产,也适用于成批、大量生产。单件及小、中批量生产中常采用卧式车床加工;成批、大量生产中常采用转塔车床和自动、半自动车床加工;对于大尺寸工件常采用大型立式车床加工;对于高精度的复杂零件,宜采用数控车床加工。

车削外圆一般分为粗车、半精车、精车和精细车。

(1)粗车。粗车是粗加工工序,对中小型轴的棒料、铸件、锻件,可以直接进行粗车加工。粗车的主要任务是迅速切除毛坯上多余的金属层,通常采用较大的进给量和中速车削,以尽可能提高生产率。粗车尺寸精度等级为 IT13~IT11,表面粗糙度 Ra 为 50~12.5μm,故可作为低精度表面的最终加工和半精车、精车的预加工。

对于精度较高的毛坯，视具体情况（如冷拔料），可不经粗车，直接进行半精车或精车。

（2）半精车。半精车是在粗车之后进行的，可进一步提高工件的精度和降低表面粗糙度。它可作为中等精度表面的终加工，也可作为磨削或精车前的预加工。半精车尺寸精度等级为 IT10～IT9，表面粗糙度为 $6.3～3.2\mu m$。

（3）精车。精车一般是在半精车之后进行的作为较高精度外圆的终加工或作为光整加工的预加工，通常在高精度车床上加工，以确保零件的加工精度和表面粗糙度符合图样要求。一般采用很小的切削深度和进给量进行低速或高速车削。低速精车一般采用高速钢车刀，高速精车常用硬质合金车刀。车刀应选用较大的前角、后角和正值的刃倾角，以提高表面质量。精车尺寸精度等级为 IT8～IT6，表面粗糙度为 $1.6～0.2\mu m$。

（4）精细车。精细车所用车床应具有很高的精度和刚度。刀具采用金刚石或细晶粒的硬质合金，经仔细刃磨和研磨后可获得很锋利的刀刃。切削时，采用高的切削速度、小的背吃刀量和小的进给量。其加工精度可达 IT6 以上，表面粗糙度 Ra 在 $0.4\mu m$ 以下。精细车常用于高精度中、小型存色金属零件的精加工或镜面加工，因有色金属零件在磨削时产生的微细切屑极易堵塞砂轮气孔，使砂轮磨削性能迅速变坏；也可用于加工大型精密外圆表向，以代替磨削，提高生产率。

值得注意的是，随着刀具材料的发展和进步，过去淬火后的工件只能用磨削加工方法的局面有所改变，特别是在维修等单件加工中，可以采用金刚石车刀、CBN 车刀或涂层刀具直接车削硬度高达 62HRC 的淬火钢。

2. 轴类零件外圆表面的磨削加工

磨削是轴类零件外圆表面精加工的主要方法，它既能磨削淬火钢，也能磨削未淬火钢和铸铁。外圆磨削根据加工质量等级分为粗磨、精磨、精密磨削、超精密磨削和镜面磨削。一般磨削加工后工件的精度可达 IT8～IT7，表面粗糙度 Ra 可达 $1.6～0.81\mu m$；精磨后工件的精度可达 IT7～IT6，表面粗糙度 Ra 为 $0.8～0.2\mu m$。

根据磨削时零件装夹定位方式的不同可分为中心磨削和无心磨削两种方式。

（1）砂轮中心磨削加工。中心磨削即卧式外圆磨削，工件由中心孔或外圆定位，在外圆磨床或万能外圆磨床上进行，重型轴需在重型磨床上或在车床上装上磨头进行。由于磨削加工时切削层薄、切削力小、零件变形小和磨床精度高等原因，磨削后精度可达 IT6 级，表面粗糙度 Ra 可达 $0.2～0.08\mu m$。其次，磨削速度高（$30～35m/s$），故生产率高。由于磨削加工具有精度高、生产率高和通用性广等优点，所以它在现代机械制造工艺中占有很重要的地位。

（2）砂轮无心磨削加工。无心磨削是一种高生产率的精加工方法，被磨削的工件由外圆表面本身定位，在无心外圆磨床上进行。目前，实现无心磨削的方法主要有贯穿法（纵向进给磨削，工件从磨轮与导轮之间通过）和切入法（横向进给磨削），前者适用于不带台阶的圆柱形工件，后者适用于阶梯轴和有成型回转表面的工件。

轴类零件采用无心磨削方法加工，加工精度可达 IT6 级，表面粗糙度 Ra 可达 $0.8～0.2\mu m$。这种加工方法的生产率很高，其原因是采用宽砂轮磨削，磨削效率高，加工时工件依靠本身外圆表面定位和利用切削力来夹紧，又是连续依次加工，因此节省时间。但是，无心磨削难以保证工件的相互位置精度,而且圆度误差小于0.002~0.003mm时也不易达到。此外,有键槽和带有纵向平面的轴也不能采用无心磨削加工。

3.轴类零件的单键槽、花键及螺纹加工

1)单键槽加工

键为轴类零件的传动零件,键槽为轴类零件外圆面上的一个槽,分为通槽、半通槽、和封闭槽三种,一般用铣削方法进行加工。

2)花键加工

花键是轴类零件经常遇到的典型表面,与单键相比较,它具有定心精度高、导向性能好、传递转矩大、易于互换等优点,所以在各种机械中广泛应用。

花键按齿形可分为矩形齿、三角形齿、渐开线齿、梯形齿等,其中以矩形齿应用较多。矩形齿有三种定心方式,即大径定心、小径定心和键侧定心,其中按小径定心的花键为国家标准规定使用的花键。

轴上矩形花键的加工,通常采用铣削和磨削两种方法。

3)螺纹加工

螺纹是轴类零件外圆表面加工中常见的加工表面。螺纹加工的方法很多,如车、铣、套螺纹、磨削和滚压等。这些方法各具特点,必须根据工件的技术要求、批量、轮廓尺寸等因素来选择,以充分发挥各种方法的特点。

一、实施环境

理实一体化教学车间或普通教室。

二、实施步骤

对图3-1所示阶梯轴零件进行工艺过程设计。

任务3.4　机械加工工艺卡编制

知识目标:

1.掌握阶梯轴零件的常用夹具;
2.掌握阶梯轴零件的定位和装夹;
3.掌握阶梯轴零件的切削参数。

能力目标:

1.能够依据零件技术要求进行定位基准确定;
2.能够进行关键工序切削参数计算;
3.能够编制机械加工工艺卡。

1. 阶梯轴外圆采用何种工艺方案加工？采用何种设备和刀具加工？
2. 阶梯轴零件的加工顺序如何安排？
3. 阶梯轴零件的加工工艺方案有几种？哪种方案最佳？为什么？

一、车床及车削加工

轴类零件的外圆一般在车床上加工，车削加工就是在车床上利用零件的旋转运动和刀具的直线运动来改变毛坯的形状和尺寸，把毛坯加工成符合图样要求的零件。

车床及车削加工相关知识具体见任务2.4知识导航。

二、铣床及铣削加工

铣床是用铣刀进行加工的机床。铣床的种类很多，主要类型有卧式升降台铣床、立式升降台铣床、龙门铣床和工具铣床，此外还有仿形铣床、仪表铣床和各种专门化铣床（如键槽铣床、曲轴铣床）等。铣床的主运动是铣刀的旋转运动，进给运动是零件的直线运动。在有些铣床上，进给运动也可以是零件的回转运动或曲线运动。

1. 卧式万能升降台铣床

卧式万能升降台铣床是指主轴处于水平位置，工作台可做纵向、横向和垂直运动，可在水平面内调整一定角度的铣床，简称卧铣。卧式万能升降台铣床的主参数是工作台面宽，主要用于加工中、小型工件，应用广泛。卧式万能升降台铣床的外形图如图3-3所示。

2. 立式升降台铣床

立式升降台铣床简称立铣，如图3-4所示。立式升降台铣床与卧式升降台铣床的主要区

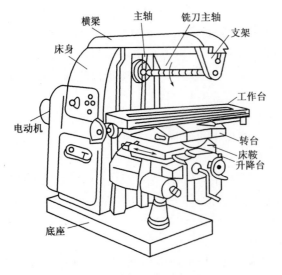

图3-3 卧式万能升降台铣床

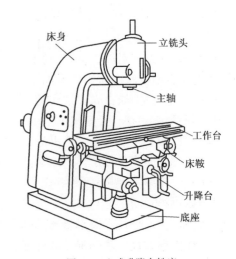

图3-4 立式升降台铣床

别在于它的主轴是直立的并与工作台面相垂直。有的立式升降台铣床还能在垂直面内旋转一定的角度,以扩大加工范围。立式升降台铣床的其他部分与卧式升降台类似。

3. 龙门铣床

龙门铣床是一种大型高效通用机床,如图3-5所示。它在结构上为框架式结构布局,具有较高的刚度及抗振性。在横梁及立柱上均安装有铣削头,每个铣削头都是一个独立的主运动部件,其中包括单独的驱动电机、变速机构、传动机构、操纵机构及主轴等部分。加工时,工作台带动工件做纵向进给运动,其余运动由铣削头实现。

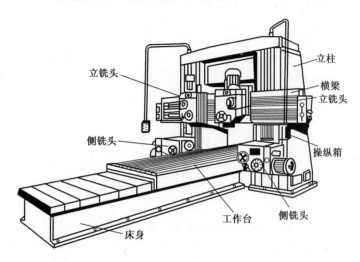

图3-5 龙门铣床

龙门铣床主要用于大中型工件平面、沟槽的加工,可以对工件进行粗铣、半精铣,也可以进行精铣加工。由于龙门铣床上可以用多把铣刀同时加工几个表面,所以它的生产效率很高,在成批和大量生产中得到了广泛的应用。

4. 铣削加工及特点

铣削加工是在铣床上用铣刀进行金属切削。铣削加工时,主运动是铣刀的旋转运动,进给运动是零件随工作台的移动。铣削加工是目前平面加工中应用最广的铣削加工方法之一,利用各种铣床、铣刀和附件,可以铣削各种平面、台阶、沟槽、弧形面、螺旋槽齿轮、凸轮等。铣削加工的加工表面形状和所用刀具如图3-6所示。

值得注意的是,如在立式铣床的主轴上装夹钻头和铣刀,可以进行钻孔加工和镗孔加工。由于工作台的移动是有机床刻度指示的,因此在铣床上进行加工能够保证所加工孔之间的相对位置精度,精度值由机床导轨的传动精度所保证。

由于铣床上使用多齿刀具,加工过程中通常由几个刀齿同时参与切削,因此铣削可获得较高的生产率。就整个铣削过程来看是连续的,但就每个刀齿来看切削过程是断续的,且切入与切出的切削厚度也不等,切削厚度与切削面积随时在变化,作用在机床上的切削力相应地发生周期性的变化。铣削加工的工艺特点如下:

(1)生产率较高。铣削加工的主运动为回转运动,切削速度大,没有空行程;进给运动为连续进给;铣刀为多齿刀具。因此,铣削加工的生产率高。

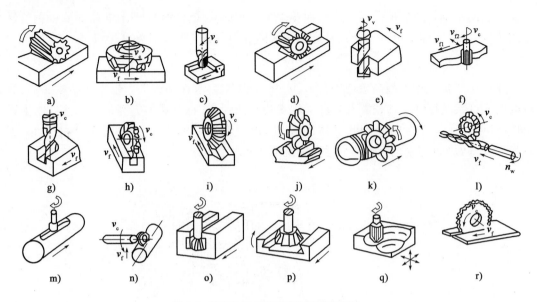

图 3-6 铣削加工的表面形状和所用刀具

a)铣平面(一);b)铣平面(二);c)铣台阶面(一);d)铣台阶面(二);e)铣侧面;f)铣外曲面;g)铣沟槽(一);h)铣沟槽(二);i)铣 V 形槽;j)铣齿轮;k)铣螺纹;l)铣螺旋面;m)铣键槽(一);n)铣键槽(二);o)铣 T 形槽;p)铣燕尾槽;q)铣内曲面;r)切割

(2)加工范围广。铣刀的类型很多,铣床附件多,特别是分度头和回转工作台的应用,使铣削加工的范围极为广泛。

(3)加工质量中等。由于铣削过程不够平稳,粗铣后再精铣只能达到中等精度。精度等级为 IT9~IT7,表面粗糙度 Ra 为 $6.3\sim1.6\mu m$。

(4)成本较高。铣削结构复杂,铣刀的制造和刃磨比较困难,故铣削加工成本较高。

5. 铣削方式

铣削方式是指铣削时铣刀相对于零件的运动和位置关系。铣削时,同一个被加工表面可以采用不同的铣削方式和刀具,以适应不同零件材料和其他切削条件的要求,以提高切削效率和刀具耐用度。

1)周铣和端铣

周铣就是用分布于铣刀圆柱面上的刀齿进行铣削的方法,如图 3-7a)所示。端铣即端面铣削,就是用分布于铣刀端平面上的刀齿进行铣削的方法,如图 3-7b)所示。同是加工平面,既可以用端铣法,也可以用周铣法。端铣和周铣都是经常采用的加工方式,其主要特点如下:

(1)端铣加工的质量好。端铣时,刀齿的副切削刃或修光刃对表面有修光作用,端铣的表面较光洁;而周铣由主切削刃直接形成已加工表面,加工出的表面是由许多近似的圆弧组成的。端铣时,工作的刀齿数较多,切削力变化小,端铣较平稳;而周铣时,工作的刀齿数较少,且在切入和切出时切削力波动较大,易产生振动。端铣时,刀杆伸出较短,刚度好,变形小,加工精度较高;而周铣时刀杆伸出较长,刚度差,变形大,影响加工精度。

(2)端铣的生产率较高。端铣多采用硬质合金刀片,耐热性好,切削用量大,故生产率较高;而周铣多采用高速钢整体式铣刀,切削用量较小,影响了生产率。

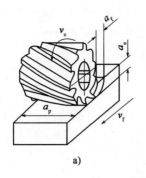 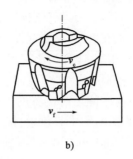

图 3-7 铣削的两种方式
a)周铣；b)端铣

(3)周铣的刀具使用寿命较低。周铣时，若刀齿从已加工表面切入，则切削层公称厚度从零逐渐增大，刀具易磨损；若刀齿从待加工表面切入，则切削层公称厚度从最大逐渐减小到零，容易打刀。因此，周铣的刀具使用寿命低于端铣。

(4)周铣的加工范围较广。周铣时可以采用多种形式的铣刀铣平面、沟槽、齿形和成型面等，而端铣通常只用于加工平面。

一般来说，端铣优于周铣。在大批量生产中，通常用端铣方式加工平面，但周铣的适应性好，在生产中也广泛采用。

2)顺铣和逆铣

按照铣削时主运动速度方向与零件进给方向的相同或相反，周铣又分为顺铣和逆铣，如图 3-8 所示。

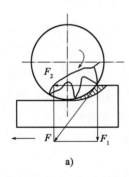 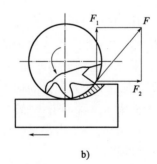

图 3-8 顺铣与逆铣
a)顺铣；b)逆铣

(1)顺铣。铣刀切入零件时的切削速度方向与零件的进给方向相同的铣削方式称为顺铣。顺铣时，刀齿的切削速度从最大逐渐减至零，刀具易于切入零件，避免了逆铣时的刀齿挤压滑行现象，已加工表面加工硬化程度大为减轻，刀具耐用度较高，且垂直铣削分力向下，有利于零件夹紧。但由于零件台进给丝杠与固定螺母之间一般有间隙存在，顺铣时铣削水平分力与进给方向一致，因此切削力容易引起零件和工作台一起向前窜动，使进给量突然增大，引起打刀。在铣削铸件或锻件等表面有硬皮的零件时，顺铣刀齿首先接触零件硬皮，加剧了铣刀的磨损。

(2)逆铣。铣刀切入零件时的切削速度方向与零件的进给方向相反的铣削方式称为逆铣。逆铣时，刀齿的切削速度从零逐渐增大，因而刀刃开始经历了一段在切削硬化的已加工表面上挤压滑行的阶段，加速了刀具的磨损，且影响已加工表面质量。同时，逆铣时，垂直铣削分力将零件上抬，不利于零件夹紧，易引起振动，这是逆铣的不利之处。但逆铣时水平切削分力的方向与零件进给方向相反，工作台不会发生窜动现象，铣削过程较平稳。

3）对称铣削与不对称铣削

端铣时，根据铣刀与零件相对位置的不同，可分为对称铣削、不对称逆铣和不对称顺铣。铣刀轴线位于铣削弧长的对称中心位置，铣刀每个刀齿切入和切离零件时切削厚度相等，称为对称铣削，否则称为不对称铣削，如图3-9所示。

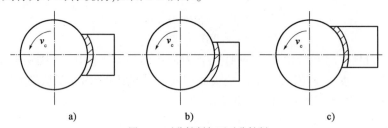

图3-9 对称铣削与不对称铣削
a) 对称铣削；b) 不对称铣削（一）；c) 不对称铣削（二）

在不对称铣削中，若切入时的切削厚度小于切出时的切削厚度，则称为不对称逆铣。这种铣削方式切入冲击较小，适用于端铣普通碳钢和高强度低合金碳钢。若切入时的切削厚度大于切出时的切削厚度，则称为不对称顺铣。这种铣削方式用于铣削不锈钢和耐热合金时，可减轻硬质合金的剥落磨损，提高切削速度。

6. 铣刀

铣刀是多刃回转刀具，由刀齿和刀体组成。刀体为回转体形状，刀齿分布在刀体圆周表面的称为圆柱铣刀，刀齿分布在刀体端面的称为端铣刀。卧铣时，平面的形成是由铣刀的外圆面上的刃形成的；立铣时，平面是由铣刀的端面刃形成的。提高铣刀的转速可以获得较高的切削速度，因此生产率较高。但由于铣刀刀齿的切入和切出会形成冲击，切削过程容易产生振动，因而限制了表面质量的提高。这种冲击也加剧了刀具的磨损和破损，往往导致硬质合金刀片的碎裂。由于铣刀是多齿工作，每个齿都是间歇工作，刀刃在切削零件的一段时间内，可以得到一定冷却，因此散热条件较好。

铣刀是一种应用广泛的多刃回转刀具，其种类很多，按用途铣刀可分为平面铣刀、沟槽铣刀、锯片铣刀、键槽铣刀、立铣铣刀等。

平面铣刀一般有圆柱铣刀、套式面铣刀、端面铣刀等，如图3-10所示。

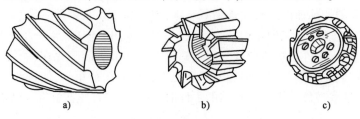

图3-10 平面铣刀
a) 圆柱铣刀；b) 套式面铣刀；c) 端面铣刀

沟槽铣刀有盘形铣刀、锯片铣刀、键槽铣刀、立铣刀等，如图3-11所示；成型面铣刀和成型沟槽铣刀一般根据刀面形状制造，由齿轮铣刀、半圆铣刀、T形槽铣刀、燕尾槽铣刀等，如图3-12、图3-13所示。

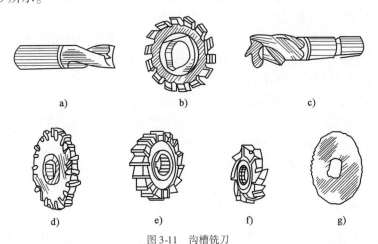

图3-11 沟槽铣刀

a)键槽铣刀；b)盘形面铣刀；c)立铣刀；d)镶齿三面刃铣刀；e)三面刃铣刀；f)错齿三面刃铣刀；g)锯片铣刀

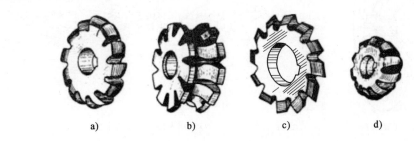

图3-12 成型面铣刀

a)凸半圆铣刀；b)凹半圆铣刀；c)齿轮铣刀；d)成型铣刀

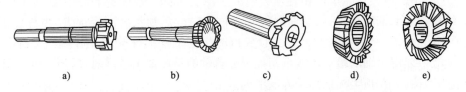

图3-13 成型沟槽铣刀

a)T形槽铣刀；b)燕尾槽铣刀；c)半圆键槽铣刀；d)单角铣刀；e)双角铣刀

三、轴类零件常用夹具

切削加工时，必须将工件放在机床夹具中定位和夹紧，使它在整个切削过程中始终保持正确的位置。工件装夹的质量和速度直接影响加工质量和劳动生产率。

1. 车床上加工轴类零件常用夹具

由于工件形状、尺寸、精度和加工批量等情况不同，所以必须使用不同的车床附件。经常使用的车床附件有：卡盘、顶尖、心轴、中心架和跟刀架等。根据轴类零件的形状、大小和加工数量不同,常用以下几种装夹方法。

1)用单动卡盘(俗称四爪卡盘)装夹(图3-14)

由于单动卡盘的4个卡爪各自独立运动,因此工件装夹时必须将加工部分的旋转中心找正到与车床主轴旋转中心重合后才可车削。

单动卡盘找正比较费时,但夹紧力较大,所以适用于装夹大型或形状不规则的工件。

单动卡盘可装成正爪或反爪两种形式,反爪用来装夹直径较大的工件。

2)用自定心卡盘(俗称三爪卡盘)装夹(图3-15)

自定心卡盘的3个爪卡是同步运动的,能自动定心,工件装夹后一般不需要找正。但较长的工件离卡盘远端的旋转中心不一定与车床旋转中心重合,这时必须找正。如卡盘使用时间较长而精度下降后,工件加工部位的精度要求较高时,也必须找正。

自定心卡盘装夹工件方便、省时,但夹紧力没有单动卡盘大,所以适用于装夹外形规则的中、小型工件。

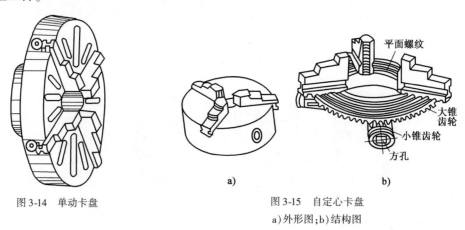

图3-14 单动卡盘　　图3-15 自定心卡盘
a)外形图;b)结构图

3)顶尖、拨盘和鸡心夹头

车床上使用的顶尖分前顶尖和后顶尖两种。顶尖头部一般制成60°锥度,与工件中心孔吻合;后端带有标准锥度,可插入主轴锥孔中(图3-16)。后顶尖有固定顶尖(也称死顶尖)和回转式顶尖(也称活顶尖)两种。回转式顶尖可减少与工件的摩擦,但刚性较差,精度也不如固定顶尖,故一般用于轴的粗加工或半精加工。若轴的精度要求较高时,后顶尖也应用固定顶尖。为减小摩擦,可在顶尖头部加少许润滑剂。

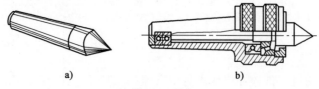

图3-16 顶尖
a)固定顶尖;b)回转式顶尖

顶尖常和拨盘、鸡心夹头组合在一起使用,用来安装轴类零件,进行精加工。图3-17所示为用顶尖、拨盘、鸡心夹头装夹工件。用鸡心夹头的螺钉夹紧工件,鸡心夹头的弯尾嵌入拨盘的缺口中,拨盘固定在主轴上并随主轴转动。工件用前、后顶尖夹紧,当拨盘转动时,就通过鸡心夹头带动工件旋转。

对于较长的或必须经过多次装夹才能加工好的工件,如长轴、长丝杠等的车削,或工序较多,在车削后还要铣削或磨削的工件,为了保证每次装夹时的装夹精度(如同轴度要求),可用两顶尖装夹。两顶尖装夹工件方便,不需找正,装夹精度高。

两顶尖装夹工件必须先在工件端面钻出中心孔。

（1）中心孔加工。

中心孔是轴类零件常用的定位基面,中心孔的质量直接影响轴的加工精度,所以对中心孔的加工有以下要求：

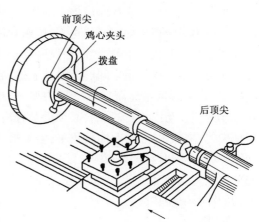

图3-17　用顶尖、拨盘和鸡心夹头装夹工件

①两端中心孔应在同一轴线上而且深度一致。

②保护中心孔的圆度。

③中心孔位置应保证工件加工余量均匀。

④中心孔的尺寸应与工件的直径尺寸相适应。

在车床上钻中心孔前,必须将尾座严格校正,将其对准主轴中心。直径6mm以下的中心孔通常用中心钻直接钻出。

（2）中心孔的修研。

零件在加工过程中,由于中心孔的磨损及热处理后的氧化变形,故有必要对中心孔进行修研,以保证定位精度。中心孔修研方法如图3-18所示。

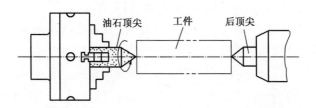

图3-18　中心孔修研

A. 用铸铁顶尖修研,将铸铁顶尖夹在车床卡盘上,将工件顶在铸铁顶尖和尾架顶尖之间研磨。

B. 用油石顶尖或橡胶砂轮顶尖,方法同上,油石顶尖或橡胶砂轮代替铸铁顶尖,修研时加少量润滑剂。

C. 用成型内圆砂轮修磨,主要用于修研淬火变形和尺寸较大的中心孔,将工件夹在内圆磨床卡盘上,校正外圆后,用成型内圆砂轮修磨。

D. 在立式中心孔研磨机上,用四棱硬质合金顶尖进行修研,刮研时,加入氧化铬研磨剂。

E. 修磨时,砂轮做行星运动,并沿30°方向进给,适用于修磨淬硬的精密零件中心孔,圆度可达 $0.8\mu m$。

(3)用两顶尖装夹工件时的注意事项。

①车床主轴轴线应在前后顶尖的连线上,否则车出的工件会产生锥度。

②在不影响车刀切削的前提下,尾座套筒应尽量伸出短些,以增加刚性,减少振动。

③中心孔形状应正确,表面粗糙度要小。装入顶尖前,应消除中心孔内的切屑或异物。

④由于中心孔与顶尖间产生滑动摩擦,如果后顶尖用固定顶尖,应在中心孔内加入润滑油(黄油),以防温度过高而"烧坏"顶尖和中心孔。

⑤两顶尖与中心孔的配合必须松紧合适。如果顶得太紧,细长工件会弯曲变形。对于固定顶尖,会增加摩擦;对于回转顶尖,容易损坏顶尖内的滚动轴承。如果顶得太松,工件不能准确定中心,车削时易振动,甚至工件会掉下。所以车削中必须随时注意顶尖及靠近顶尖的工件部分摩擦发热情况。当发现温度过高时(一般用手感来掌握),必须加润滑油或机械油进行润滑,并及时调整松紧。

4)用一夹一顶装夹

用两顶尖装夹工件,虽然精度高,但刚性较差。因此,车削一般轴类工件,尤其是较重的工件,不能用两顶尖装夹,而用一端夹住,另一端用后顶尖顶住的装夹方法。为了防止工件由于切削力作用而产生轴向位移,必须在卡盘内装一限位支承,或利用工件的阶台作为限位。这种装夹方法较安全,能承受较大的轴向切削力,因此应用很广泛。

后顶尖有固定顶尖和回转顶尖两种。固定顶尖刚性好,定心准确,但与中心孔间因产生滑动摩擦而发热过多,容易将中心孔或顶尖"烧坏",因此只适用于低速加工精度要求较高的工件。

回转顶尖是将顶尖与中心孔间的滑动摩擦改成顶尖内部轴承的滚动摩擦,能在很高的转速下正常工作,克服了固定顶尖的缺点,因此应用很广泛。但回转顶尖存在一定的装配累积误差,以及当滚动轴承磨损后,会使顶尖产生跳动,从而降低加工精度。

5)花盘

不对称或具有复杂外形的工件,通常用花盘装夹以便加工。花盘的表面开有径向的通槽和T形槽,以便于安装装夹工件用的螺栓。图3-19所示为花盘装夹工件。用花盘装夹工件时,常会产生重心偏移,所以需加平衡铁予以平衡。

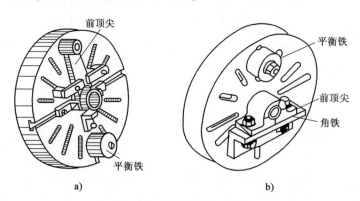

图3-19 用花盘装夹工件
a)加工连杆孔;b)加工轴承座孔

6)中心架和跟刀架

车削细长轴时,为了防止工件切削时产生弯曲,需要使用中心架和跟刀架。中心架的结构如图 3-20 所示。它的主体通过压板和螺母紧固在机床导轨的一定位置上。盖子与主体用铰链作活动连接,可以打开以便放入工件。三个支承爪用来支持工件。支承爪可以自由调节,以适应不同直径工件。中心架用于车削细长轴、阶梯轴、长轴的外圆、端面及切断等。图 3-20b)所示为应用中心架支承工件,车削端面时的情况。

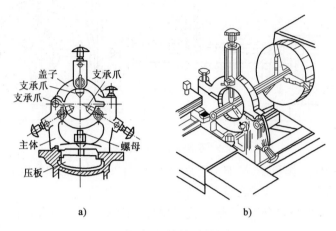

图 3-20 中心架的结构

跟刀架的工作情况如图 3-21 所示。它的作用与中心架相同,所不同的地方是它一般只有两只卡爪,而另一个卡爪被车刀代替。跟刀架固定在床鞍上,跟着刀架一起移动,主要用来支承车削没有阶梯的长轴,如精度要求高的光轴、长丝杠等。

2. 铣床附件及零件装夹

铣床的主要附件包括分度头、平口虎钳、万能铣头和回转工作台等。

1) 工作台用螺栓压板

大型工件常直接装夹在铣床工作台上,用螺栓、压板压紧,此时可用百分表、划针等工具找正加工面和铣刀的相对位置,如图 3-22 所示。

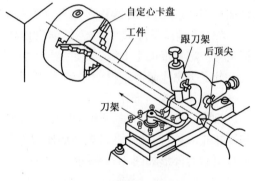

图 3-21 跟刀架的工作情况

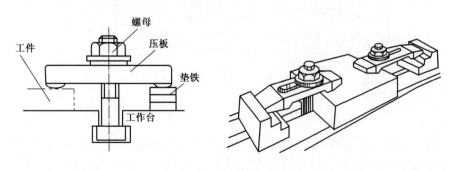

图 3-22 工作台用螺栓压板

2)分度头

分度头又称为万能分度头,在铣削加工中,常会遇到铣六方、齿轮、花键和刻线等工作。这时,就需要利用分度头分度。因此,分度头是万能铣床上的重要附件,如图3-23所示。

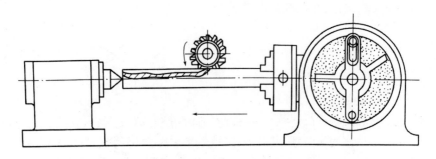

图3-23 万能分度头(卡盘)装夹

分度头安装在铣床工作台上,被加工工件支承在万能分度头主轴顶尖与尾座顶尖之间,或夹持在万能分度头的卡盘上,可完成以下工作:

(1)使工件周期性地绕自身轴线回转一定角度,完成等分或不等分的圆周分度工作,如加工花键、方头、齿轮等。

(2)通过配换挂轮,与工作台的纵向进给运动相配合,并由万能分度头使工件连续转动,以加工螺旋齿轮、螺旋槽和阿基米德螺旋线凸轮等。

(3)用卡盘夹持工件,使工件轴线相对于铣床工作台倾斜一所需角度,以加工与工件轴线相交呈一定角度的平面、沟槽等。

分度头由于具有广泛的用途,在单件小批量生产中应用较多。

3)机床用平口虎钳

机床用平口虎钳是一种通用夹具,经常用其安装小型零件。机床用平口虎钳有非回转式和回转式两种,回转式平口虎钳底座设有转盘,可绕其轴线在360°范围内任意旋转。回转式平口虎钳的外形如图3-24所示。

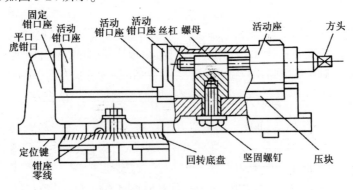

图3-24 回转式机用平口虎钳

机床用平口虎钳的固定钳口本身精度及其相对于底座地面的位置精度均较高。底座下面带有两个定位键,用于在铣床工作台T形槽的定位各连接,以保持固定钳口与工作台纵向进给方向垂直或平行。当加工工件精度要求较高时,安装机床用平口虎钳要用百分表对固定钳口进行校正。

机床用平口虎钳适用于以平面定位和夹紧的中小型工件。按钳口宽度不同,常用的机床用平口虎钳有 100mm、125mm、136mm、200mm 和 250mm 六种规格。

4) V 形架

V 形架主要用于装夹轴类零件,这种装夹方式一方面具有良好的对中性,另一方面还可承受较大的切削力,如图 3-25 所示。

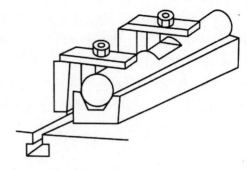

图 3-25　回转式机用平口虎钳

5) 轴用台虎钳

在普通立式铣床上铣削键槽类零件,常用轴用台虎钳装夹工件,如图 3-26 所示。

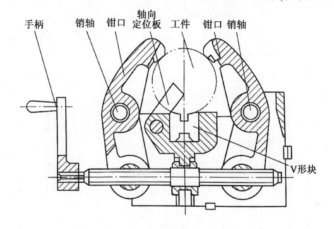

图 3-26　轴用台虎钳装夹

6) 直线进给铣床夹具

这种夹具在铣削加工中随铣床工作台做直线进给运动。图 3-27 所示为铣斜面的夹具示意图。工件以底面、槽、端面定位,为提高加工效率,采用一次安装三个工件的方式进行加工,同时为保证夹紧力的作用方向指向主要定位面,两个压板采用浮动杠杆驱动。

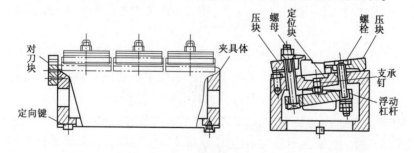

图 3-27　直线进给式铣床夹具

7) 圆周进给铣床夹具

这种夹具常用于具有回转工作台的铣床上,工件边同夹具随工作台做连续、缓慢的回转进给运动,装卸工件能在不停车的情况下进行,因而生产效率高,适用于大批量生产中的中、小工件的加工。

图 3-28 所示为圆周进给式铣床夹具，工件以圆孔、端面及侧面在定位销和挡销上定位，由液压缸驱动拉杆，通过快换垫圈将工件夹紧，夹具上可同时装夹 12 个工件。图中 AB 为工件的切削区，CD 为装卸区。回转工作台带动工件做圆周连续进给运动，将工件依次送入切削区，工件一旦被加工好就离开切削区，而在非切削区则可将已加工好的工件卸下，并安装好待加工的工件，这种加工方式使机动时间与辅助时间相重合，因而机床利用率较高。

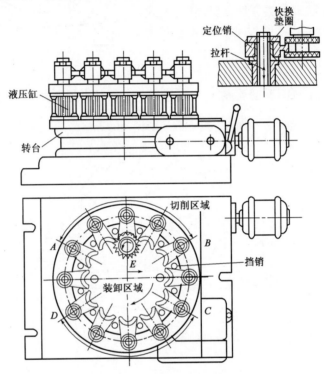

图 3-28　圆周进给铣床夹具

3. 磨床上磨削轴类零件常用夹具

在外圆磨床上，工件可以用以下方法装夹，相关知识可参考任务 2.4 知识导航。

1）用两顶尖装夹

工件支承在前、后顶尖上，由与带轮连接的拨盘上的拨杆拨动鸡心夹头带动工件旋转，实现圆周进给运动。这时，需拧动螺杆顶紧摩擦环，使头架主轴和顶尖固定不动。这种装夹方式有助于提高工件的回转精度和主轴刚度，被称为"死顶尖"工作方式。

这是外圆磨床上最常用的装夹方法，其特点是装夹方便，定位精度高。两顶尖固定在头架主轴和尾座套筒的锥孔中，磨削时顶尖不旋转，这样头架主轴的径向圆跳动误差和顶尖本身的同轴度误差就不再对工件的旋转运动产生影响。只要中心孔和顶尖的形状正确，装夹得当，就可以使工件的旋转轴线始终不变，获得较高的圆度和同轴度。

2）用自定心卡盘或单动卡盘装夹

在外圆磨床上可用自定心卡盘装夹圆柱形工件，其他一些自动定心夹具也适用于装夹圆柱形工件。单动卡盘一般用来装夹截面形状不规则工件。在万能外圆磨床上,利用卡盘在一次装夹中磨削工件的内孔和外圆,可以保证内孔和外圆之间较高的同轴度精度。

3)用卡盘和顶尖装夹

若工件较长,一端能钻中心孔,另一端不能钻中心孔,可一端用卡盘,另一端用顶尖装夹工件。

一、实施环境

理实一体化教学车间或普通教室。

二、实施步骤

依据图 3-1 编制阶梯轴零件机械加工工艺卡。

辅线任务　阶梯轴零件的加工与检测

任务 3.5　阶梯轴零件的加工和检测

1. 掌握保证轴类零件技术要求的方法;
2. 掌握轴类零件中孔径、形状精度和位置精度的测量方法。

1. 轴类零件位置精度如何保证?
2. 轴类零件孔径、形状和位置精度的测量工具和方法有哪些?

掌握轴类零件的装夹方式。

一、轴类零件的测量

1. 钢直尺

钢直尺用来粗量工件长度、宽度和厚度的量具。主要规格有 150mm、300mm、600mm、1000mm 等四种。

钢直尺的测量结果不很准确,因其刻度线之间间距为 1mm,而刻度线本身的宽度就有

0.1~0.2mm,所以计数误差较大,只能读出毫米数。在测量工件的外径和孔径时必须与卡钳配合使用。

2. 卡钳

卡钳是一种间接量具,结构上分为普通内、外卡钳和弹簧内、外卡钳,如图3-29所示。

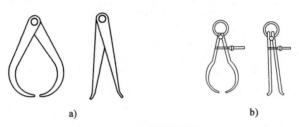

图3-29 卡钳的种类
a)普通内外卡钳;b)弹簧内外卡钳

3. 游标卡尺

游标卡尺的式样很多,现以常用的两用游标(图3-30)为例来说明它们的结构。两用游标卡尺的结构形状如图3-31所示。它是由主尺和副尺(游标)组成。旋松固定副尺用的螺钉即可测量。下量爪用来测量工件的外径或长度,上量爪可以测量孔径或槽宽,深度尺用来测量工件的深度尺寸。测量时移动副尺,使量爪与工件接触,取得尺寸后,把紧固螺钉旋紧后再读数,以防尺寸变动。

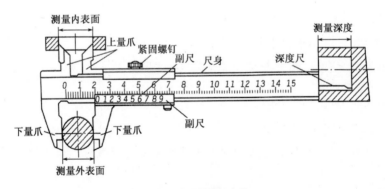

图3-30 三用游标卡尺

4. 千分尺

千分尺(或称分厘卡)是生产中最常用的精密量具之一。它的测量精度一般为0.01mm。但由于测微螺杆的精度受到制造工艺的限制,因此其移动量通常为25mm,所以常用的千分尺测量范围分别为0~25mm、25~50mm、50~75mm等,每隔25mm为一挡规格。根据用途不同,千分尺的种类很多,有外径千分尺、内径千分尺、内侧千分尺、深度千分尺、螺纹千分尺和壁厚千分尺等。它们虽然种类和用途不同,但都是利用测微螺杆移动的基本原理。

1)千分尺的结构形状

外径千分尺由尺架、砧座、测微螺杆、锁紧装置、固定套管、微分筒和测力装置等组成。它的外形和结构如图3-31所示。

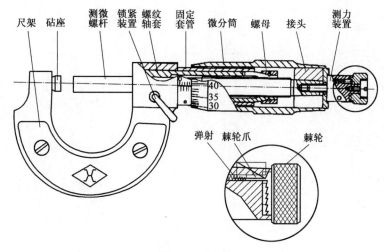

图 3-31　千分尺

尺架的固定套管(上面有刻线)与固定在螺纹轴套上的内螺纹紧密配合。当配合间隙增大时,可利用螺母依靠锥面调节。测微螺杆另一端的外圆锥与接头的内圆锥相配,并与测力装置连接。由于接头上开有轴向槽,依靠圆锥的胀力使微分筒与测微螺杆和测力装置按合成一体。旋转测力装置时,就带动测微螺杆和微分筒一起旋转,并沿轴向移动,即可测量尺寸。

测力装置是使测量面与被测工件接触保持恒定的测量力,以便测出正确的尺寸。它的结构原理如图 3-31 中的放大图。棘轮爪在弹簧的作用下与棘轮爪的斜面滑动,发出"嗒嗒"响声,这时就可读出工件尺寸。

测量时,为了防止尺寸变动,可转动锁紧装置锁紧测微螺杆。

千分尺在测量前必须校正零位。如果零位不准,可用专用扳手转动固定套管。当零线偏离较多时,可松开紧固螺钉,使测微螺杆与微分筒松动,再转动微分筒,对准零位。

2)千分尺的工作原理及读法

千分尺测微螺杆的螺距为 0.5mm,固定套管上直线距离每格为 0.5mm。当微分筒转一周时,测微螺杆就移动 0.5mm,微分筒的圆周斜面上共刻 50 格,因此当微分筒转一格时(1/50),测微螺杆移动 0.5/50 = 0.01mm,所以常用千分尺的测量精度为 0.01mm。

5. 百分表

百分表的刻度值为 0.01mm,是一种精度较高的比较测量工具。它只能读出相对的数值而不能测出绝对数值。主要用来检查工件的尺寸、形状和位置误差,也常用于工件的精密找正。

百分表的结构如图 3-32 所示,当测量头向上或向下移动 1mm 时,通过测量杆上的齿条和几个齿轮带动大指针转一周,小指针转一格。刻度盘在圆周上有 100 等分的刻度线,其每格的读数值为 0.01mm,小指针转动一格。常用百分表小指针刻度盘的圆周上有 10 个等分格,每格为 1mm。测量时大、小指针所示读数变化值之和为尺寸变化量。小指针处的刻度范围就是百分表的测量范围。刻度盘可以转动,供测量时调整大指针对零位刻线使用。

百分表测量时应使用专用的百分表架,如图 3-33 所示。

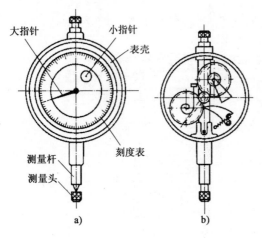
图3-32 百分表

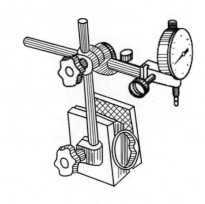
图3-33 百分表架

学习情境3　阶梯轴零件的加工

学习目标

知识目标：
1. 了解机床发展史、机床的分类、机床的组成及工作过程；
2. 掌握机床的坐标系、操作机床的步骤；
3. 掌握选择阶梯轴加工所用刀具的几何参数与切削用量的方法；
4. 掌握加工阶梯轴所用的量具和夹具的使用方法；
5. 掌握6S的定义和目的；
6. 掌握零件质量检测和工作过程评价的方法。

能力目标：
1. 能够读懂并分析图纸上的技术要求；
2. 能够根据技术要求拟订工艺路线；
3. 能够拟订工夹量具清单；
4. 能够查阅手册并计算切削参数；
5. 能够填写阶梯轴加工工艺卡片；
6. 能够正确的装夹工件和使用工量具的方法；
7. 能够运用设备加工阶梯轴零件；
8. 能够讨论分析阶梯轴加工缺陷造成的原因和掌握应采取的解决措施；
9. 总结在阶梯轴加工中的经验和不足之处；
10. 掌握如何通过精加工来保证零件尺寸。

素养目标：
1. 小组长代表本组在全班展示阶梯轴的加工成果，各组成员说明在加工中遇到的问题及

解决方案,训练学生的表达能力;

2. 查阅技术资料,对学习与工作进行总结反思,能与他人合作,进行有效沟通;

3. 车间卫生及机床的保养要符合现代6S管理目标。

一、信息(创设情境、提供资讯)

工作情景描述:

××公司需生产零件30件,指派我公司利用现有设备完成30件阶梯轴零件的加工任务,生产周期10天。

接受任务后,借阅或上网查询有关的资料,完成以下任务:

(1)填写产品任务单;

(2)编制阶梯轴零件加工工艺,填写机械工艺卡片;

(3)运用设备批量加工生产阶梯轴零件;

(4)编制质量检验报告;

(5)填写工作过程自评表和互评表。

1. 零件图样

零件图样见图3-1。

2. 任务单

产品任务单见表3-1。

产品任务单　　　　　　　　　　　　　　　　　表3-1

单位名称				完成时间		
序号	产品名称	材料	生产数量	技术标准、质量要求		
1						
2						
3						
生产批准时间						
通知任务时间						
接单时间			接单人		生产班组	

3. 任务分工

明确小组内部情景角色如小组组长、书记员、报告员、时间控制员和其他组员,填写表3-2。

任务分工　　　　　　　　　　　　　　　　　表3-2

子任务:				
序号	角色	职责	人员	备注
1	组长	协调内部分工和进度		
2	报告员	口头报告		
3	书记员	书面记录		
4	控制员	控制时间		
5	组员	配合组长执行任务		
6	组员	配合组长执行任务		

二、计划(分析任务、制订计划)

(1) 检查零件图是否有漏标尺寸或尺寸标注不清楚,若发现问题请指出。

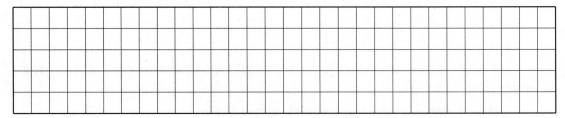

(2) 查阅资料,了解并说明阶梯轴的用途和作用。

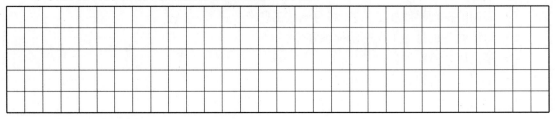

(3) 说明本任务中加工零件应选择的毛坯材料、种类和尺寸(用毛坯简图表示),并说明其切削加工性能、热处理及硬度要求,填写表3-3。

计 划 制 订　　　　　　　　　　　　　表3-3

1. 毛坯选择方案	
材　料	
毛坯种类	
2. 毛坯尺寸确定(毛坯图)	

(4) 分析零件图样,并在表 3-4 中写出该零件的主要加工尺寸、几何公差要求及表面质量要求。

设计内容　　　　　　　　　　　　　　　　　表 3-4

序号	项目	内容	偏差范围
1	主要结构要素		
2	次要结构要素		
3	主要加工尺寸		
4			
5			
6	形位公差要求		
7			
8			
9			
10			
11	表面质量要求		
12			
13			
14			
15			
16	结构工艺性		

(5) 以小组为单位,讨论该零件的定位基准,合理拟订该零件的工艺路线,填写表 3-5。

拟订工艺路线　　　　　　　　　　　　　　　表 3-5

1. 定位基准分析	
粗基准	
精基准	

2. 机械加工工艺路线拟订

工艺路线 1：

续上表

工艺路线2：																							
3.工艺路线论证分析																							
论证：																							
结论：																							

（6）根据图样要求，在图3-34所示刀具中选择合适的刀具，并拟订刀具清单。

刀具清单

序号	名　称	规　格	数　量	用　途

图3-34　刀具

（7）拟订加工该零件所用的工量具清单，并进行准备，填写表3-6。

工量具清单　　　　　　　　　　表3-6

序号	名　称	规　格	数　量	用　途

三、决策（集思广益、作出决定）

（1）说明什么是机械加工工艺规程，并说明其在工业生产中的意义。

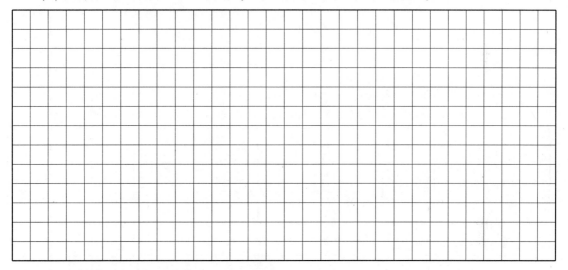

（2）查阅机械手册，计算关键工序切削参数。

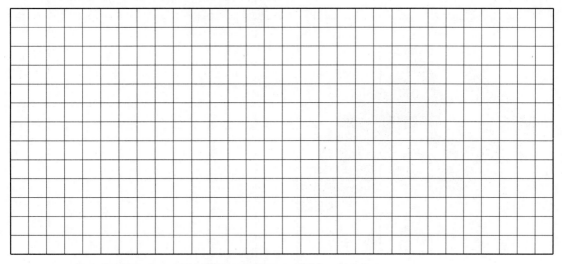

（3）根据工艺路线和刀具表，填写机械加工工艺卡（表3-7）。

表 3-7 机械加工工艺卡片

单位		产品型号		零件图号			共 页
		产品名称		零件名称			第 页
材料牌号	毛坯种类	毛坯尺寸		零件单件质量(kg)		工艺简图	
工序号	工序名称	工步号	工步内容	设备型号 程序号	工艺装备 夹具 刀具与刀号 量具	切削参数 主轴转速 进给速度 背吃刀量	

四、实施(分工合作、沟通交流)

1. 车床安全操作规程

1)安全操作基本注意事项

(1)工作时穿好工作服、安全鞋,戴好工作帽及防护镜,注意:不允许戴手套操作机床。

(2)不要移动或损坏安装在机床上的警告标牌。

(3)不要在机床周围放置障碍物,工作空间应足够大。

(4)某一项工作如需要两人或多人共同完成时,应注意相互间的协调一致。

(5)不允许采用压缩空气清洗机床、电气柜及 NC 数控单元。

2)工作前的准备工作

(1)机床开始工作前要有预热,认真检查润滑系统工作是否正常,如机床长时间未开动,可先采用手动方式向各部分供油润滑。

(2)使用的刀具应与机床允许的规格相符,有严重破损的刀具要及时更换。

(3)调整刀具,所用工具不要遗忘在机床内。

(4)大尺寸轴类零件的中心孔是否合适,中心孔如太小,工作中易发生危险。

(5)刀具安装好后应进行一两次试切削。

(6)检查卡盘夹紧状态。

(7)机床开动前,必须关好机床防护门。

3)工作过程中的安全注意事项

(1)禁止用手接触刀尖和铁屑,铁屑必须要用铁钩子或毛刷来清理。

(2)禁止用手或其他任何方式接触正在旋转的主轴、工件或其他运动部位。

(3)禁止加工过程中测量、变速,更不能用棉丝擦拭工件,也不能清扫机床。

(4)车床运转中,操作者不得离开岗位,发现机床异常现象立即停车。

(5)经常检查轴承温度,过高时应找有关人员进行检查。

(6)在加工过程中,不允许打开机床防护门。

(7)严格遵守岗位责任制,机床由专人使用,他人使用须经本人同意。

(8)工件伸出车床 100mm 以外时,须在伸出位置设防护物。

4)工作完成后的注意事项

(1)清除切屑、擦拭机床,使用机床与环境保持清洁状态。

(2)注意检查或更换磨损的机床导轨上的油擦板。

(3)检查润滑油、冷却液的状态,及时添加或更换。

(4)依次关掉机床操作面板上的电源和总电源。

2. 6S 职业规范

6S 的定义及目的:

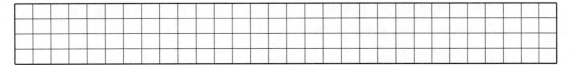

3. 制订组员分工计划(含坯料准备、工位准备、工具准备、加工实施、6S等方面)

制订组员分工计划,填写表3-8。

分工计划　　　　　　　　　　　　　　　　　　　　表3-8

序号	计划内容	人　员	时间(分钟)	备　注
1	坯料准备			
2	工位准备			
3	工量刀具准备			
4	加工实施			
5	监督、6S			

4. 领取材料并进行加工前准备

(1)以情境模拟的形式,到材料库领取材料,并填写领料单(表3-9)。

领料单　　　　　　　　　　　　　　　　　　　　表3-9

填表日期: 年 月 日					发料日期: 年 月 日	
领料部门			产品名称及数量			
领料单号			零件名称及数量			
材料名称	材料规格及型号	单位	数量		单价	总价
			请领	实发		
					领料部门	主管 / 领料数量
材料说明用途		材料仓库	主管		发料数量	

(2)领取毛坯料,并测量外形尺寸,判断毛坯是否有足够的加工余量。

(3)根据工量具清单和刀具清单准备工量刀具。

(4)给相关部位加注润滑油,检查油标。

5. 启动加工设备,运用加工设备加工零件

(1)叙述开机步骤和对刀方法,并在机床上练习。

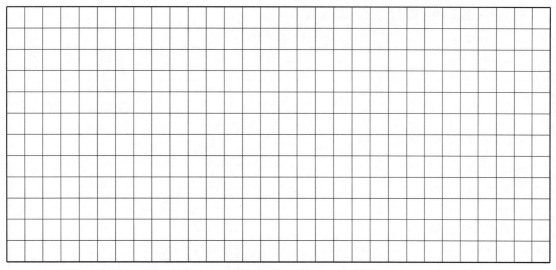

(2) 叙述粗、精加工对转速及进给量的要求,并说明原因。

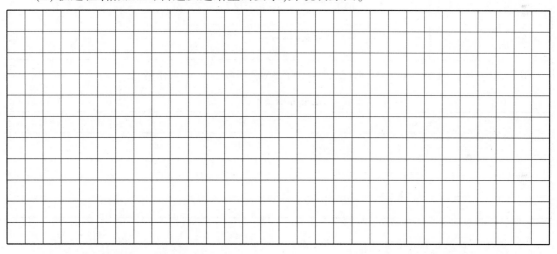

五、控制(查漏补缺、质量检测)

(1) 明确检测要素,组内检测分工(表3-10)。

检测要素与分工　　　　　　　　表3-10

序号	检测要素	检测人员	工 量 具

(2)请按照评分标准进行零件检测(表3-11)。

零件检测评分表　　　　　　　　　　　表3-11

工件编号				总得分			
项目与配分		序号	技术要求	配分	评分标准	自测记录	得分	互测记录
工件加工评分（70%）	外形轮廓	1		20	超差全扣			
		2		10	超差全扣			
		3		10	每错一处扣2分			
		4		10	超差全扣			
		5		10	超差0.01mm扣3分			
		6		10	每错一处扣1分			
程序或工艺(20%)		7	加工工艺卡	20	不合理处每处扣2分			
机床操作（10%）		8	机床操作规范	5	出错一次扣2分			
		9	工件、刀具装夹	5	出错一次扣2分			
安全文明生产（倒扣分）		10	安全操作	倒扣	安全事故停止操作或酌扣5～30分			
		11	6S	倒扣				

(3)根据检测结果,小组讨论分析产生废品的原因及预防方法并填写表3-12。

废品原因及预防　　　　　　　　　　　表3-12

项目	废品种类	产生原因	预防措施

六、评价(总结过程、任务评估)

(1)小组按照评分标准进行工作过程自评(表3-13)。

工作过程评价小组自评表　　　　　　　表3-13

班级		组名		日期	年　月　日
评价指标	评价要素			分数	分数评定
信息检索	能有效利用网络资源、工作手册查找有效信息;能用自己的语言有条理地去解释、表述所学知识;能对查找到的信息有效转换到工作中			10	
感知工作	是否熟悉各自的工作岗位,认同工作价值;在工作中,是否获得满足感			10	
参与状态	与教师、同学之间是否相互尊重、理解、平等;与教师、同学之间是否能够保持多向、丰富、适宜的信息交流			10	
	探究学习,自主学习不流于形式,处理好合作学习和独立思考的关系,做到有效学习;能提出有意义的问题或能发表个人见解;能按要求正确操作;能够倾听、协作分享			10	

续上表

班级		组名		日期	年 月 日
学习方法	工作计划、操作技能是否符合规范要求；是否获得了进一步发展的能力			10	
工作过程	遵守管理规程，操作过程符合现场管理要求；平时上课的出勤情况和每天完成工作任务情况；善于多角度思考问题，能主动发现、提出有价值的问题			15	
思维状态	是否能发现问题、提出问题、分析问题、解决问题、创新问题			10	
自评反馈	按时按质完成工作任务；较好地掌握了专业知识点；具有较强的信息分析能力和理解能力；具有较为全面严谨的思维能力并能条理明晰表述成文			25	
自评分数					
有益的经验和做法					
总结反思建议					

（2）小组之间按照评分标准进行工作过程互评（表3-14）。

工作过程评价小组互评表　　　　　　　　　　　　　　　表3-14

班级		被评组名		日期	年 月 日
评价指标	评价要素			分数	分数评定
信息检索	该组能否有效利用网络资源、工作手册查找有效信息			5	
	该组能否用自己的语言有条理地去解释、表述所学知识			5	
	该组能否对查找到的信息有效转换到工作中			5	
感知工作	该组能否熟悉自己的工作岗位，认同工作价值			5	
	该组成员在工作中，是否获得满足感			5	
参与状态	该组与教师、同学之间是否相互尊重、理解、平等			5	
	该组与教师、同学之间是否能够保持多向、丰富、适宜的信息交流			5	
	该组能否处理好合作学习和独立思考的关系，做到有效学习			5	
	该组能否提出有意义的问题或能发表个人见解；能按要求正确操作；能够倾听、协作分享			5	
	该组能否积极参与，在产品加工过程中不断学习，综合运用信息技术的能力提高很大			5	
学习方法	该组的工作计划、操作技能是否符合规范要求			5	
	该组是否获得了进一步发展的能力			5	
工作过程	该组是否遵守管理规程，操作过程符合现场管理要求			5	
	该组平时上课的出勤情况和每天完成工作任务情况			5	
	该组成员是否能加工出合格工件，并善于多角度思考问题，能主动发现、提出有价值的问题			15	

续上表

班级		被评组名		日期		年　　月　　日
思维状态	该组是否能发现问题、提出问题、分析问题、解决问题、创新问题				5	
自评反馈	该组能严肃认真地对待自评,并能独立完成自测试题				10	
			互评分数			
简要评述						

（3）教师按照评分标准对各小组进行任务工作过程总评（表3-15）。

任务工作过程总评表　　　　　　表 3-15

班级			组名		姓名	
出勤情况						
一	信息	口述任务内容并分组分工	1. 表述仪态自然、吐字清晰	5	表述仪态不自然或吐字模糊扣1分	
			2. 表述思路清晰、层次分明、准确,分组分工明确		表述思路模糊或层次不清扣2分,分工不明确扣2分	
二	计划	依据图样分析工艺并制订相关计划	1. 分析图样关键点准确	10	表述思路或层次不清扣2分	
			2. 制订计划及清单清晰合理		计划及清单不合理扣3分	
三	决策	制订加工工艺	制订合理工艺	9	一处工步错误扣1分,扣完为止	
四	实施	加工准备	1. 工具(扳手、垫刀片)、刀具、量具准备	3	每漏一项扣1分	
			2. 机床准备(电源、冷却液)		没有检查扣1分	
			3. 资料准备(图纸)		实操期间缺失扣1分	
			4. 以情境模拟的形式,体验到材料库领取材料,并完成领料单	2	领料单填写不完整扣1分	
		加工	1. 正确选择、安装刀具	5	选择错误扣1分,扣完为止	
			2. 查阅资料,正确选择加工参数	5	选择错误扣1分,扣完为止	
			3. 正确实施零件加工无失误(依据零件评分表)	40		
		现场	1. 在加工过程中保持6S、三不落地	5	每漏一项扣1分,扣完此项配分为止	
			2. 机床、工具、量具、刀具、工位恢复整理	5	每违反一项扣1分,扣完此项配分为止	
五	控制		正确读取和测量加工数据并正确分析测量结果	5	能自我正确检测工件并分析原因,每错一项,扣1分,扣完为止	
六	评价	工作过程评价	1. 依据自评分数	3		
			2. 依据互评分数	3		
七		合计		100		

拓展训练项目导入

任务对象：图 3-35 所示为阶梯轴零件图，材料为 45 钢，小批量生产。

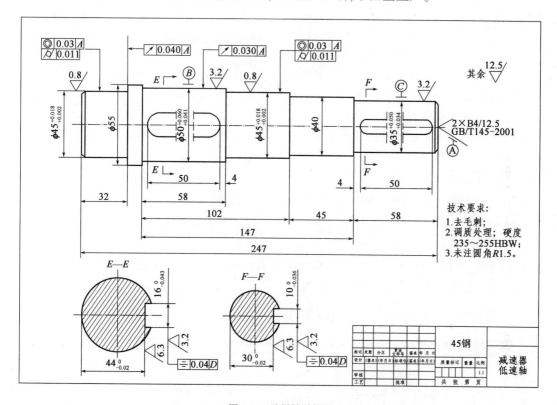

图 3-35　阶梯轴零件图

任务要求：完成图 3-35 所示阶梯轴零件的机械加工工艺文件编制，填写阶梯轴机械加工工艺卡；在条件允许的情况下操作机床加工零件，并进行零件的质量分析和检测，验证编制工艺的合理性。

模块四　齿轮零件机械加工工艺编制及实施

1. 掌握齿轮零件的功能和结构特点；
2. 掌握齿轮零件的材料和毛坯选用方法；
3. 掌握齿轮零件加工方法；
4. 掌握齿轮零件加工设备和刀具；
5. 掌握齿轮零件检测工具和检测方法。

1. 能够依据零件图分析齿轮零件的技术要求和工艺性；
2. 能够依据零件图及零件图分析结果选择毛坯材料和种类；
3. 能够依据齿轮零件零件图编制机械加工工艺卡；
4. 初步具备较复杂齿轮零件的工艺路线编写能力；
5. 能够进行齿轮零件的加工和质量检测。

示教项目导入

任务对象：图 4-1 所示为双联齿轮零件图，材料 40Cr，生产类型为大批量生产。

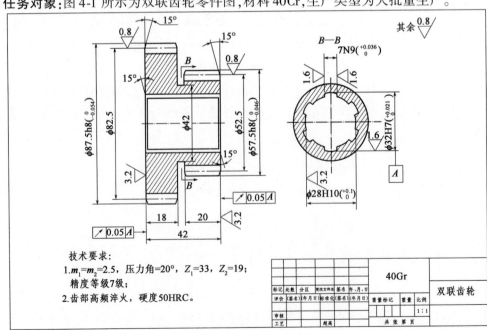

图 4-1　双联齿轮零件图

任务要求：完成图 4-1 所示双联齿轮零件图的机械加工工艺文件编制，填写双联齿轮机械加工工艺卡；在条件允许的情况下操作机床加工零件，并进行零件的质量分析和检测，验证编制工艺的合理性。

主线任务　齿轮零件的机械加工工艺编制

任务 4.1　零件图图样分析

 学习目标

知识目标：
1. 掌握零件图图样分析的一般方法；
2. 掌握零件技术要求分析的一般方法；
3. 掌握零件结构工艺性概念；
4. 掌握零件结构要素和整体结构工艺性分析的方法。

能力目标：
1. 能够依据零件图图样审查视图是否符合机械制图国家标准；
2. 能够依据机械制图国家标准审查尺寸、尺寸公差、形状公差、位置公差和表面粗糙度是否标注齐全、合理；
3. 能够分析零件的结构要素、整体结构的作用和功能；
4. 能够依据现有生产条件分析零件技术要求的合理性；
5. 能够进行零件整体结构和结构要素的工艺性分析。

 问题引导

1. 齿轮的功能和作用是什么？
2. 齿轮零件技术要求分析有哪些内容？
3. 齿轮有哪些加工表面？结构工艺性如何？

 知识导航

一、齿轮类零件的功用及结构特点

齿轮是机械传动中应用极为广泛的传动零件之一，其功用是按照一定速比传递运动和动力。

齿轮的结构因其使用要求不同而具有各种不同的形状和尺寸，但从工艺观点大体上可以把它们分为齿圈和轮体两部分。按照齿圈上轮齿的分布形式，可分为直齿、斜齿和人字齿轮等；按照轮体的结构特点，齿轮可分为盘形齿轮、套筒齿轮、齿轮轴和齿条，如图 4-2 所示。其

中,盘类齿轮应用最广泛。

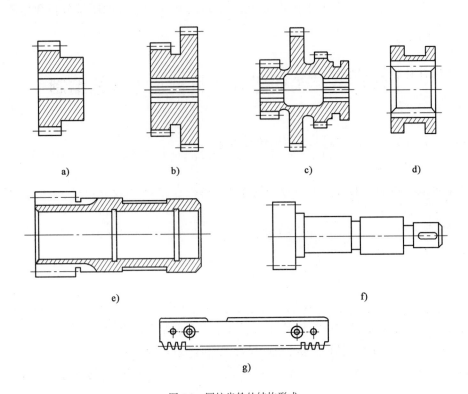

图 4-2 圆柱齿轮的结构形式
a)盘类齿轮(一);b)盘类齿轮(二);c)盘类齿轮(三);d)内齿轮;e)套筒齿轮;f)轴类齿轮;g)齿条

齿轮本身的制造精度,对整个机器的工作性能、承载能力及使用寿命都有很大影响。根据其使用条件,齿轮传动应满足以下要求:

(1)传动的准确性。即主动齿轮转过一个角度时,从动齿轮应按给定的速比转过相应的角度。要求齿轮在一整周转中,转角误差的最大值不能超过一定的限度。

(2)工作平稳性。要求齿轮传动平稳,无冲击、振动和噪声小,这就需要限制齿轮传动时瞬时传动比的变化,即限制齿轮在转过一个齿形角的转角误差。

(3)载荷均匀性。要求齿轮工作时,齿面接触要均匀,以使齿轮在传递动力时不致因载荷分布不均而使接触应力集中,引起齿面过早磨损。

(4)齿侧间隙。一对相互啮合的齿轮,其齿面间必须留有一定的间隙,即为齿侧间隙,其作用是储存润滑油,使齿面工作时减轻磨损;同时可以补偿热变形、弹性变形、加工误差和安装误差等因素引起的齿侧间隙减小,防止卡死。应当根据齿轮副的工作条件,来确定合理的齿侧间隙。

以上 4 项要求应根据齿轮传动装置的用途和工件条件等予以合理地确定。例如,滚齿机分度蜗杆副、读数仪表所用的齿轮传动副,对传动准确性要求高、对工作平稳性也有一定要求,而对载荷的均匀性要求一般不严格。

任务实施

一、实施环境

理实一体化教学车间或普通教室。

二、实施步骤

对图 4-1 所示零件进行如下步骤的图样分析。

1. 零件图图样分析

按零件图分析的一般方法审查设计图样的完整性和正确性,确保零件视图准确,图样标注应该符合国家标准。

分析零件图的结构,确定零件及零件的作用和功能,分析零件结构由哪些结构要素组成,确定每个结构要素的功能和作用。

2. 零件的技术要求分析

在不影响产品使用性能的前提下,产品设计应当满足经济性要求,尽可能地降低产品的制造精度。工艺人员有责任审查零件的技术要求是否合理及在现有生产条件下能否达到设计要求,并与设计人员一起共同研究探讨改进设计以降低成本。

零件的技术要求主要有尺寸精度、形状精度、位置精度、表面质量、热处理及其他技术要求。

3. 零件的结构工艺性分析

根据零件结构工艺性的一般原则,判断该零件的结构工艺性是否良好,如果结构工艺性不好,提出改进的工艺结构。

任务 4.2　毛 坯 选 择

学习目标

知识目标:

1. 了解常用毛坯的种类;
2. 掌握毛坯的选用方法;
3. 熟悉确定毛坯形状和尺寸选用的原则。

能力目标:

1. 能够依据零件图及零件图分析结果合理选用毛坯种类;
2. 能够依据零件图熟练确定毛坯形状和尺寸。

问题引导

1. 选择毛坯包含哪些内容?

2. 齿轮零件的材料选择是否合理？热处理工艺是否合理？

3. 齿轮零件的毛坯形状和尺寸如何确定？

 知识导航

一、齿轮材料及热处理

齿轮的材料及热处理对齿轮的加工质量和使用性能都有很大影响，选择齿轮材料时应该考虑齿轮的工作条件（如转速与载荷）和失效形式（轮齿折断、齿面点蚀、齿面胶合、齿面磨损和齿面塑性变形）。

1. 中碳结构钢

典型如45钢，进行调质或表面淬火。这种类型钢经热处理后，综合力学性能较好，主要适用于低速中载的一般用途齿轮。

2. 中碳合金结构钢

典型如40Gr，进行调质或表面淬火。这种类型钢经热处理后，综合力学性能比45钢要好，且产生的热变形小。适用于速度较高、载荷大及精度较高的齿轮。某些高速齿轮，为了提高齿面的耐磨性，减少热处理后的变形和保证齿轮精度，不再进行磨齿，可选用氮化钢进行氮化处理。

3. 渗碳钢

典型如20Gr和20GrMnTi等进行渗碳和碳氮共渗。这种钢经渗碳淬火后，齿面硬度可达58~63HRC，而芯部又有较高的韧性，既耐磨又能承受冲击载荷，适用于高速中载或有冲击载荷的齿轮。

4. 铸铁及其他非金属材料

这些材料强度低，容易加工，适用于一些较轻载下的齿轮传动。

二、齿轮毛坯

齿轮毛坯的选择决定于齿轮的材料、结构形状、尺寸大小、使用条件及生产批量等多种因素。

对于钢质齿轮，除了尺寸较小且不太重要的齿轮直接采用轧制棒料外，一般均采用锻造毛坯。生产批量较小或尺寸较大的采用自由锻造；生产批量较大的中小齿轮采用模锻。

对于直径很大且结构比较复杂、不便于锻造的齿轮，可采用铸钢毛坯。铸钢齿轮的晶粒较粗，力学性能较差，且切削加工性不好，故在加工前应先经过正火处理改善切削加工性。

 任务实施

一、实施环境

理实一体化教学车间或普通教室。

二、实施步骤

对图 4-1 所示齿轮零件按如下步骤选择毛坯。

1. 齿轮零件工作情况分析

分析零件的工况,如零件所处的工作环境、零件所受的载荷,零件应该具备的机械和力学性能。

2. 毛坯选择方案

在不影响产品使用性能的前提下,毛坯选择应当满足经济性要求,尽可能地降低产品的制造精度。在满足功能和使用性能的前提下,审查零件材料是否选择合理,确定毛坯的种类。

3. 毛坯形状与尺寸确定(画毛坯图)

受毛坯制造技术的限制,加之对零件精度与表面质量的要求越来越高,故毛坯某些表面留有一定的加工余量,称为毛坯加工余量。毛坯制造公差称为毛坯公差;其余量与公差可以参照有关工艺手册和标准选取。毛坯余量确定应考虑毛坯制造、机械加工、热处理等各种因素的影响。

确定毛坯形状和尺寸后,画出毛坯的工序简图。

任务 4.3　工艺过程设计

学习目标

知识目标:

1. 掌握齿轮零件表面加工方法的选择;
2. 掌握齿轮零件的常用加工设备、刀具和量具;
3. 掌握齿轮零件的定位和装夹。

能力目标:

1. 能够依据零件技术要求确定定位基准;
2. 能够依据零件的结构要素特征选择合理的加工设备和刀具;
3. 能够划分加工阶段;
4. 能够安排加工顺序。

问题引导

1. 齿轮零件加工时通常采用哪个表面作为粗基准?哪个面作为精基准?
2. 齿轮外圆和内孔采用何种工艺方案加工?采用何种设备和刀具加工?
3. 齿轮零件的加工顺序如何安排?
4. 齿轮零件的加工工艺方案有几种?哪种方案最佳?为什么?

知识导航

一、齿形加工方法

1. 仿形法

仿形法是利用与被加工齿轮的齿槽形状一致的刀具，在齿坯上加工出齿面的方法。一般在普通铣床上进行，如图4-3所示。这种加工方法不需要专用机床和价格昂贵的刀具，但加工精度较低，因此适用于精度不同、单件或小批量生产的齿轮加工。

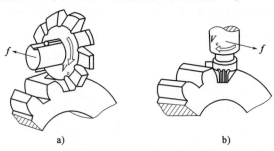

图4-3 直齿圆柱齿轮的仿形法铣削
a) 盘形齿轮铣刀铣削；b) 指状齿轮铣刀铣削

如图4-4所示铣削，模数铣刀做旋转运动(主运动)，齿坯安装在心轴上，心轴装有分度头顶尖和尾座顶尖之间。纵向工作台带着分度头、尾座、齿坯向着齿坯做纵向进给。加工完一个齿槽，分度头将工件转过一个齿，再加工另外一个齿槽，依次加工出所有齿槽。当加工模数 $m<1$，精度要求较低的齿轮，可一次铣出，对于大模数齿轮则要多次铣出。仿形法加工出的轮齿形状由模数铣刀来保证，轮齿分布的均匀性由分度头来保证。当加工模数大于8mm的齿轮时，可采用指状铣刀进行加工。铣削斜齿圆柱齿轮必须在万能铣床上进行。

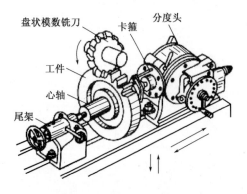

图4-4 卧式铣床上铣削齿轮

常用的仿形法齿轮加工采用的刀具主要有盘形齿轮铣刀和指状铣刀，后者适用于加工大模数的直齿、斜齿和人字齿轮。采用仿形法加工齿轮，齿轮的齿廓形状精度由齿轮铣刀刀刃的形状来保证。

标准的渐开线齿轮的齿廓形状是由该齿轮的模数和齿数决定。要加工出准确的齿形，对同一种模数的每一种齿数齿轮都要使用一把不同的刀具，这既不经济，也无必要。在实际生产中，按齿轮的常用齿数进行分组，当模数 m 为 1~8mm 时，每种模数分成8组；模数 m 为 9~16mm 时，每种模数分成15组。每把铣刀的齿形是根据该铣刀所加工最小齿数的齿轮齿槽形状设计的，所以在加工该范围内的其他齿数的齿轮时，会有一定的齿形误差。

2. 展成法

展成法是根据啮合原理在专用机床上利用刀具和工件具有严格传动比的相对运动来铣削

齿形的方法。此法的特点是效率高、精度好,加工时能实现连续分度,是目前齿轮加工主要采用的方法。展成法加工的种类主要有滚齿、插齿、剃齿、珩齿、磨齿等。图4-5所示为展成法加工齿轮的方法。

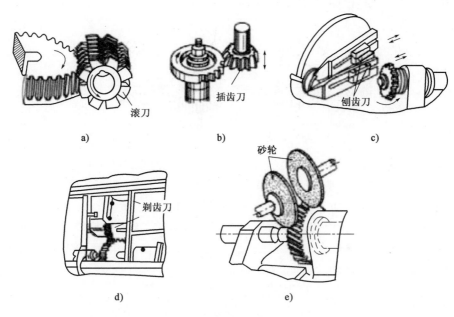

图4-5　展成法加工齿轮的方法
a)滚齿法;b)插齿法;c)刨齿法;d)剃齿法;e)磨齿法

1)滚齿法

滚齿是齿形加工方法中生产效率较高、应用范围最广的一种方法。在滚齿机上用齿轮滚刀加工齿轮的原理相当于一对螺旋齿轮做无侧隙强制性啮合,如图4-6所示。

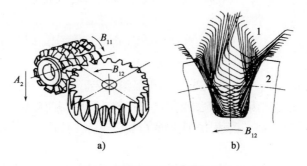

图4-6　滚齿运动和齿廓展开过程

滚齿加工的通用性较好,既可加工圆柱齿轮,又可加工蜗轮;既可加工渐开线齿形,又可加工圆弧、摆线等齿形;既可加工小模数、小直径齿轮,又可加工大模数,大直径齿轮。

滚齿可直接加工出8~9级精度的齿轮,也可用作7级以上齿轮的粗加工及半精加工。滚齿可以获得较高的运动精度,但由于滚齿时齿面是由滚刀的刀齿包络而成,参加切削的刀齿数有限,因而齿面的表面粗糙度值较大。因此,为了提高滚齿的加工精度和齿面质量,宜将粗精滚齿分开。

2）插齿工艺

插齿是按展成原理加工齿轮的另一种方法。插齿机加工齿轮的过程，相当于一对圆柱齿轮的啮合过程。齿坯是一个齿轮，插齿刀是带有切削刃的另一齿轮，它的模数、压力角应与被切齿轮相同。插齿运动如图4-7所示。

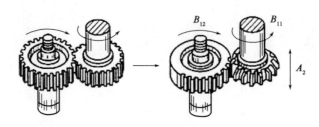

图4-7　插齿运动

插齿机可用于加工内外啮合的圆柱齿轮、扇形齿轮、齿条等，尤其适用于加工内齿轮和多联齿轮，这是其他机床无法加工的。但插齿机不能加工蜗轮。

插齿加工与滚齿加工相比较，插齿的齿形精度比滚齿高，齿面的粗糙度比滚齿细，运动精度比滚齿差，齿向误差比滚齿大。因而对于运动精度要求不高的齿轮可采用插齿加工，运动精度要求较高的齿轮则采用滚齿加工较为合适。

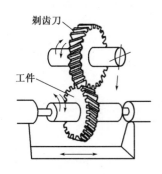

图4-8　剃齿工作原理

3）剃齿工艺

剃齿是齿轮齿形精加工的一种方法。剃齿是剃齿刀带动工件自由转动并模拟一对螺旋齿轮做双面无侧隙啮合的过程。剃齿刀与工件的轴线交错呈一定角度。剃齿刀可视为一个高精度的斜齿轮，并在齿面上沿渐开线齿向上开了很多槽形成切削刃，如图4-8所示。

剃齿精度一般可达 6~7 级，齿面粗糙度 Ra 值为 $0.8\mu m$。剃齿的生产效率很高，比磨齿提高生产率10倍以上；可用于加工未淬火的直齿和斜齿轮的精加工，特别是能广泛应用于大量生产中。

4）珩齿工艺

珩齿是齿轮齿形精加工的一种方法，适用于经滚齿、插齿、剃齿或磨齿后，齿面淬硬或非淬硬的直齿、斜齿、内外啮圆柱齿轮。其加工精度可达 5~6 级，加工生产效率高，成本低，经济性好；齿面质量好，粗糙度低，疲劳强度高，使用寿命长。

5）磨齿工艺

磨齿是现有齿轮加工方法中加工精度最高的一种方法。磨齿精度一般可达 4~7 级，齿面粗糙度 Ra 值为 $0.16\mu m$。磨齿不仅能纠正齿轮预加工产生的各项误差，而且能加工淬硬的齿轮。主要缺点是生产效率低，加工成本较高。多用于硬齿面高精度齿轮及插齿刀、剃齿刀等齿轮刀具的精加工。一般适用于单件小批量生产。

二、齿轮加工工艺方案的选择

齿轮加工工艺方案的选择主要从齿轮精度等级、生产批量和热处理方法等几方面考虑。

齿轮各加工方法能达到的精度要求如表 4-1 所示。

齿轮加工方法及特点　　　　　　　　　　　　　　　　表 4-1

序号	加工方法	刀具	设备	加工精度	表面粗糙度 Ra(μm)	加工特点及应用
1	盘状成型铣刀铣齿	盘形齿轮铣刀	铣床	9 级	2.5~10	通用性大,生产率低,用来加工直齿、齿条
2	指状成型铣刀铣齿	指状齿轮铣刀	铣床	9 级	2.5~10	通用性大,生产率低,用来加工直齿、齿条
3	滚齿加工	齿轮滚刀	滚齿机	6~9 级	1.25~5	通用性大,生产率高,常用加工直齿、斜齿的外啮合圆柱齿轮和蜗轮
4	插齿加工	插齿刀	插齿机	6~8 级	1.25~5	通用性大,生产率较高,常用来加工单联及多联的内、外直齿圆柱齿轮、扇形齿轮及齿条等
5	剃齿加工	剃齿刀	剃齿机	6~7 级	0.32~1.25	主要用于齿轮的滚、插预加工后、淬火前的精加工
6	珩齿加工	珩磨轮	珩齿机	5~6 级	0.16~1.25	多用于经过剃齿轮和高频淬火后齿形的精加工,提高表面质量,减小齿面的表面粗糙度
7	磨齿加工	砂轮	磨齿机	3~7 级	0.16~0.63	生产率低,加工成本高,多用于齿形淬硬后的精加工

齿轮加工工艺方案可从以下几个方面加以考虑和选择：

(1)对于 8 级及 8 级以下精度的不淬硬齿轮,可采用铣齿、滚齿或插齿直接达到加工精度要求。

(2)对于 8 级及 8 级以下精度的淬硬齿轮,需在淬火前将精度提高一级,加工方案为:滚(插)齿—齿端加工—齿面淬硬—修正内孔。

(3)对于 6~7 级精度的不淬硬齿轮,加工方案为:滚齿—剃齿。

(4)对于 6~7 级精度的淬硬齿轮,加工方案有两种可供选择。

①剃齿—珩齿方案;滚(插)齿—齿端加工—剃齿—齿面淬硬—修正内孔—珩齿。此方案生产效率高,广泛应用于 7 级精度齿轮的成批生产中。

②磨齿方案:滚(插)齿—齿端加工—剃齿—齿面淬硬—修正内孔—磨齿。此方案生产效率低,一般用于 6 级精度以上的齿轮加工。

(5)对于 5 级及以上精度的齿轮,加工方案一般采用磨齿工艺。

(6)对于大批量生产,用滚(插)齿—冷挤齿的加工方案可稳定获得 7 级精度齿轮。

一、实施环境

理实一体化教学车间或普通教室。

二、实施步骤

对图 4-1 所示齿轮零件进行工艺过程设计。

任务 4.4　机械加工工艺卡编制

知识目标：
1. 掌握齿轮零件的常用夹具；
2. 掌握齿轮零件的定位和装夹；
3. 掌握齿轮零件的切削参数。

能力目标：
1. 能够依据零件技术要求确定定位基准；
2. 能够依据零件的结构要素特征选择合理的加工设备和刀具；
3. 能够划分加工阶段；
4. 能够安排加工顺序。

1. 齿轮外圆和内孔采用何种工艺方案加工？采用何种设备和刀具加工？
2. 齿轮零件的加工顺序如何安排？
3. 齿轮零件的加工工艺方案有几种？哪种方案最佳？为什么？

一、铣床

铣床及铣削加工相关知识见任务 3.4 知识导航。

二、滚齿机

1. 滚齿机的结构

Y3150E 型滚齿机属于工作台移动式中型通用滚齿机，可以用来加工直齿和斜齿圆柱齿轮，也可以采用径向切入加工蜗轮。该机床能加工最大直径为 500mm，最大宽度为 250mm，最大模数为 8mm 的齿轮。

图4-9所示为Y3150E型滚齿机外形结构图,机床由床身、立柱、刀架溜板、滚刀架、后立柱和工作台等主要部件组成。立柱固定在床身上,刀架溜板带动滚刀架沿立柱导轨做垂直方向进给运动或快速移动。滚刀安装在刀杆上,由滚刀架的主轴带动做旋转主运动。滚刀架能绕自身轴线倾斜一定角度,这个角度称为滚刀的安装角,其大小与滚刀的螺旋升角大小和旋向有关。工作台和后立柱装在同一溜板上,可沿床身导轨做径向进给运动或调整径向位置。支架可通过轴套或顶尖支承工件心轴两端,用以提高滚切运动的平稳性。

2. 滚齿运动

滚齿时所使用的刀具称为齿轮滚刀。如图4-10所示,滚刀实质上是一个齿数很少(通常只有一个)、螺旋角很大(近似90°)的斜齿圆柱齿轮。由于轮齿很长,绕了很多圈,所以滚刀呈蜗杆状。该蜗杆经过开容屑槽、磨前后刀面,做出切削刃,就成为齿轮滚刀。

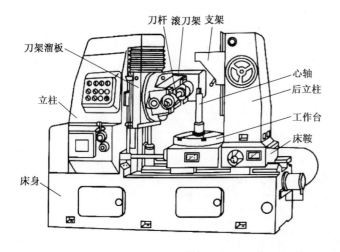

图4-9　Y3150E型滚齿机

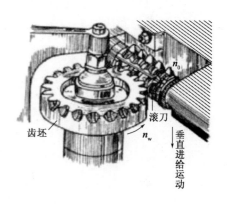

图4-10　滚齿机运动

用滚刀加工齿轮的过程,相当于一对螺旋齿轮啮合滚动的过程,如图4-10所示。滚齿时,只要滚刀与齿坯之间严格按照一对交错轴斜齿轮的啮合速比关系强制转动,再加上滚刀沿齿宽方向做进给运动,就能完成整个切齿工作。

滚齿使用范围很广,可加工直齿、斜齿圆柱齿轮及蜗轮等,但不能加工内齿轮和相距很近的多联齿轮。滚齿适用于单件小批生产和大批量生产。

3. 齿轮滚刀

为了使齿轮滚刀能切出正确的齿形,滚刀切削刃必须在蜗杆的同一圆柱面上,这个蜗杆就称为滚刀的基本蜗杆。滚刀的基本蜗杆有渐开线、阿基米德和法向直廓三种。实际生产中,用阿基米德蜗杆代替渐开线蜗杆,因为阿基米德蜗杆轴向剖面的齿形为容易制造的直线。为使基本蜗杆形成滚刀,要对其开槽,以形成前面和前角。

模数为1~10mm的标准齿轮滚刀均为零前角直槽。为了形成后角,滚刀的顶刃和侧刃均需进行铲齿和铲磨。用一把滚刀可以加工出模数相同的任意齿数的齿轮。图4-11、图4-12所示为整体齿轮滚刀。

图 4-11 整体齿轮滚刀实物图

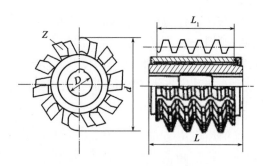

图 4-12 整体齿轮滚刀示意图

三、插齿机

插齿机也是一种常见的齿轮加工机床，主要用于加工直齿圆柱齿轮，增加特殊的附件后也可以加工斜齿圆柱齿轮，尤其是能加工滚齿机无法加工的内齿轮和多联齿轮。图 4-13 所示为 Y58A 型插齿机。

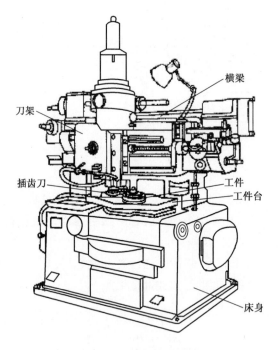

图 4-13 Y58A 型插齿机

1. 插齿运动

插齿的原理相当于一对圆柱齿轮相互啮合，其中一个假想的齿轮是工件，另一个齿轮转化为磨有前角、后角而形成切削刃的插齿刀。用内联系传动链使插齿刀与工件之间按啮合规律做展成运动，同时插齿刀快速做轴向的切削主运动，就可以在工件上加工出齿形来。图 4-14 为插齿的基本工作原理。

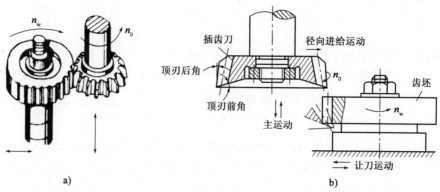

图 4-14　插齿原理

1）主运动

插齿刀做上、下往复运动，向下做切削运动，向上为返回的退刀运动。以每分钟插齿刀往复行程次数 n_0 表示。

2）展成运动

在加工过程中，插齿刀和工件保持一对轮齿的正确啮合的关系，插齿刀往复一次，工件相对刀具在分度圆上转过的弧长为加工时的圆周进给量，因此刀具与工件的啮合过程就是圆周进给过程。

3）径向进给运动

插齿时为了逐渐切至齿的全深，插齿刀应有径向进给量，即插齿刀每往复一次径向移动的距离，单位为 mm。

4）圆周进给运动

圆周进给运动是插齿刀绕自身轴线的旋转运动，圆周进给量为插齿刀每往复一次在分度圆周上所转过的弧长的毫米数。

5）让刀运动

插齿刀做上下往复运动时，向下为切削行程。为避免刀具擦伤已加工的齿面并减少刀齿的磨损，在插齿刀向上运动时，工作台带动工件从径向退离切削区一段距离，当插齿刀在工作行程时，工件又恢复原位。这一运动又称为让刀运动。

2．插齿刀

插齿刀有盘形、碗形和带锥柄三种类型。盘形插齿刀 [图 4-15a)] 以内孔和支承端面定位，用螺母坚固在机床主轴上，主要用于加工直齿外齿轮及大直径的内齿轮。碗形插齿刀 [图 4-15b)] 则以内孔定位，夹紧用螺母可容纳在刀体内，用于加工多联齿轮和带有凸肩的齿轮。带锥柄插齿刀 [图 4-15c)] 主要用于加工内齿轮。

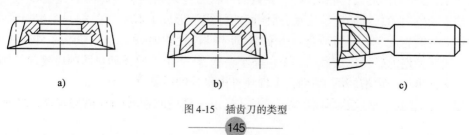

图 4-15　插齿刀的类型

四、磨齿机

磨齿机加工齿轮齿面的方式是，用砂轮磨削，主要用于加工已淬硬的齿轮，对模数较小的某些齿轮，可以直接在齿坯上磨出轮齿。磨齿机的加工精度可达 6 级以上，属于精加工机床。按齿形的形成原理，磨齿也分为仿形法及展成法两种。

1. 仿形法磨齿砂轮

仿形法磨齿用的砂轮，需用专门的机构以金刚石进行修整，使其截面形状与被磨削齿轮的齿廓形状相同。图 4-16 分别为磨削内齿轮、外齿轮时的砂轮截面形状。磨削时，砂轮做旋转主运动，并沿工件轴线即齿长方向做往复的轴向进给运动，还可在工件径向做切入进给运动。每磨一个齿，工件做一次分度运动，再磨下一个齿。以仿形法原理工作的磨齿机，机床的运动比较简单。

2. 展成法磨齿

1) 蜗杆形砂轮

这是一种连续磨削的高效率的磨齿机，其工作原理与滚齿机相同。如图 4-17 所示，大直径的蜗杆形砂轮相当于滚刀，加工时砂轮与工件做展成运动，轴向进给运动一般由工件完成。这种机床的生产率高，但蜗杆形砂轮高速转动时，机械式内联系传动链的零件转速很高，噪声大且容易磨损，同时砂轮的修磨困难，难以获得很高的加工精度。这种机床一般用于成批或大量生产中的磨削中、小模数的齿轮。

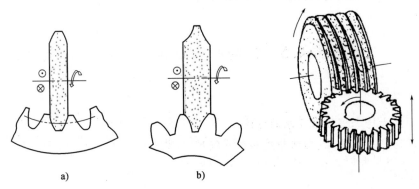

图 4-16 仿形法磨齿
a) 磨削内齿轮；b) 磨削外齿轮

图 4-17 蜗杆形砂轮磨削齿轮

2) 锥形砂轮

这种机床属于单齿分度型，每次磨削一个齿，其磨齿原理相当于齿轮和齿条相啮合。如图 4-18 所示，砂轮的两侧面修整成锥面，其截面形状与齿条相同。砂轮的高速旋转为主运动，并沿工件齿长方向做往复的进给运动，两侧面的母线就形成了假想齿条的一个齿。再强制工件在此不动的假想齿条上一边啮合一边滚动，即工件齿轮转动一个齿的同时，工件轴线移动一个齿距。实际使用的砂轮比齿条的一个齿略窄一些，往一个方向滚动只磨削齿槽的一侧，每往复滚动一次磨出一个齿槽的两个侧面，工件经过多次分度后就可磨削完成。

由此，渐开线是用展成法形成工件上的母线，由工件同时做转动和横向移动来实现；而工件上的导线,是由砂轮旋转主运动和纵向移动来实现工件的直线运动。

五、齿轮类零件常用夹具

由于齿轮零件结构种类较多,有内齿轮、外齿轮;有盘状齿轮、套筒齿轮、轴类齿轮、齿条;有单联齿轮、多联齿轮,而齿轮加工设备种类较多,因此加工齿轮类零件所使用的夹具要依据具体情况而定。

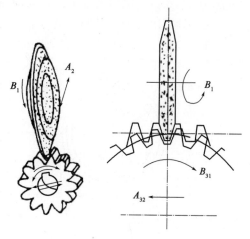

图 4-18　锥形砂轮磨削齿轮

 任务实施

一、实施环境

理实一体化教学车间或普通教室。

二、实施步骤

依据图 4-1 所示的零件图编制齿轮零件机械加工工艺卡。

辅线任务　齿轮零件的加工与检测

任务 4.5　齿轮零件的加工与检测

 学习目标

1. 掌握保证齿轮零件技术要求的方法;
2. 掌握齿轮零件中孔径、形状精度和位置精度的测量方法。

 问题引导

1. 齿轮零件位置精度如何保证?
2. 齿轮零件孔径、形状和位置精度的测量工具和方法有哪些?

 知识导航

一、齿厚及齿向偏差

光学齿厚仪见图 4-19。

二、齿圈径向跳动

可用齿距仪或万能测齿仪(图 4-20)进行。检验时先取任一齿距作为原始尺寸,将千分表调整到 0 值,然后依次测出各个齿距与原始尺寸的相对偏差(注意正负值),计算出相对偏差平均值,再计算出各个相对偏差值与平均之差,取其中最大值减去最小差值。

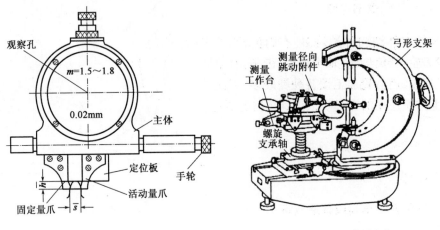

图 4-19　光学齿厚仪　　　　　　　　图 4-20　万能测齿仪

三、齿距累积误差

齿距累积误差也可用测角仪进行测定,如图 4-21 所示。这方法比较简便。用千分表通过杠杆来确定齿轮上每齿的正确位置,然后用带有分度盘和显微镜的测角仪来测定角齿距

$$\gamma = \frac{360°}{z}$$

$$\Delta F_P = R \frac{\Delta \gamma}{206.3}$$

式中:$\Delta \gamma$——角齿距累积误差(″);

R——沿着测量的圆周半径(mm)。

四、基圆齿距偏差

可用基圆仪进行检验。基圆仪分两种:点接触式及切线式(图 4-22),也可用万能测齿仪测定。

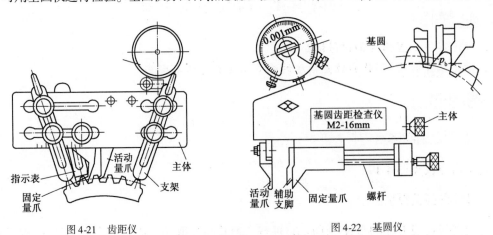

图 4-21　齿距仪　　　　　　　　图 4-22　基圆仪

五、齿形误差

渐开线齿形用渐开线检查仪进行检验,渐开线检查仪分为单盘式(图 4-23)及万能式两种,单盘式结构简单,精度高,但检验每种基圆的齿轮需更换一个相同基圆的基圆盘。万能式渐开线检查仪则不需要更换基圆盘。

六、齿向误差

直齿圆柱齿轮一般可用滚柱嵌在两齿间进行检验。检验时被检验齿轮装在顶尖间的心轴上。量柱可先放在心轴正上方的两齿间,然后回转齿轮使量柱与心轴在水平方向平行。在以上两个位置用万能支柱上的千分表来检验量柱两端的高度误差,以确定齿圈的锥度及齿向偏差。

斜齿齿轮的齿向误差可用齿向检查仪来检验。

齿向误差检查仪器见图 4-24。

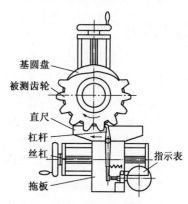

图 4-23 基圆盘式渐开线检查仪

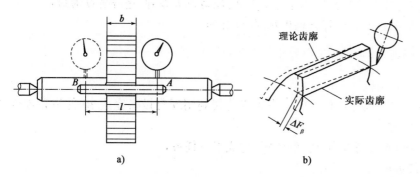

图 4-24 齿圈径向跳动仪

学习情境4　齿轮零件的加工

知识目标:

1. 了解机床发展史、机床的分类、机床的组成及工作过程;
2. 掌握机床的坐标系、操作机床的步骤;
3. 掌握选择齿轮加工所用刀具的几何参数与切削用量的方法;
4. 掌握加工齿轮所用的量具和夹具的使用方法;
5. 掌握6S的定义和目的;
6. 掌握零件质量检测和工作过程评价的方法。

1. 能够读懂并分析图纸上的技术要求;
2. 能够根据技术要求拟订工艺路线;
3. 能够拟订工夹量具清单;
4. 能够查阅手册并计算切削参数;
5. 能够填写齿轮加工工艺卡片;
6. 能够正确地装夹工件和掌握正确使用工量具的方法;
7. 能够运用设备加工齿轮零件;
8. 能够分析造成齿轮加工缺陷的原因和掌握应采取的解决措施;
9. 总结在齿轮类加工中的经验和不足之处;
10. 掌握如何通过精加工来保证零件尺寸。

素养目标:

1. 小组长代表本组在全班展示齿轮的加工成果,各组成员说明在加工中遇到的问题及解决方案,训练学生的表达能力;
2. 查阅技术资料,对学习与工作进行总结反思,能与他人合作,进行有效沟通;
3. 车间卫生及机床的保养要符合现代6S管理目标。

一、信息(创设情境、提供资讯)

工作情景描述:

××公司需生产双联齿轮零件30件,指派我公司利用现有设备完成30件齿轮零件的加工任务,生产周期10天。

接受任务后,借阅或上网查询有关的资料,完成以下任务:

(1)填写产品任务单。
(2)编制齿轮零件加工工艺,填写机械工艺卡片。
(3)运用设备批量加工生产齿轮零件。
(4)编制质量检验报告。
(5)填写工作过程自评表和互评表。

1. 零件图样

零件图样见图4-1。

2. 任务单

产品任务单见表4-2

产品任务单   表4-2

单位名称			完成时间	
序号	产品名称	材料	生产数量	技术标准、质量要求
1				
2				
3				

续上表

生产批准时间				
通知任务时间				
接单时间		接单人		生产班组

3. 任务分工

明确小组内部情景角色,如小组组长、书记员、报告员、时间控制员和其他组员(表 4-3)。

任务分工　　　　　　　　　　　　　表 4-3

子任务：

序号	角色	职责	人员	备注
1	组长	协调内部分工和进度		
2	报告员	口头报告		
3	书记员	书面记录		
4	控制员	控制时间		
5	组员	配合组长执行任务		
6	组员	配合组长执行任务		

二、计划(分析任务、制订计划)

(1)检查零件图是否有漏标尺寸或尺寸标注不清楚,若发现问题请指出。

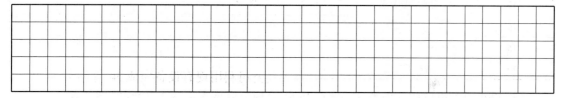

(2)查阅资料,了解并说明齿轮类零件的用途和作用。

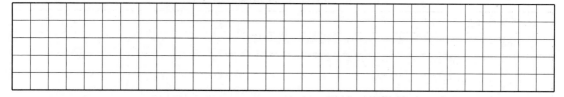

(3)说明本任务中加工零件应选择的毛坯材料、种类和尺寸(用毛坯简图表示),并说明其切削加工性能、热处理及硬度要求,填写表 4-4。

计划制订　　　　　　　　　　　　　表 4-4

1. 毛坯选择方案		
材料		
毛坯种类		
2. 毛坯尺寸确定(毛坯图)		

(4)分析零件图样,并在表4-5中写出该零件的主要加工尺寸、几何公差要求及表面质量要求。

设 计 内 容　　　　　　　　　　　　　　　　　表4-5

序号	项目	内容	偏差范围
1	主要结构要素		
2	次要结构要素		
3	主要加工尺寸		
4			
5			
6	形位公差要求		
7			
8			
9			
10			
11	表面质量要求		
12			
13			
14			
15			
16	结构工艺性		

(5)以小组为单位讨论该零件的定位基准,合理拟订该零件的工艺路线(表4-6)。

拟 订 工 艺 路 线　　　　　　　　　　　　　　　　表4-6

1.定位基准分析	
粗基准	
精基准	
2.机械加工工艺路线拟订	

工艺路线1:

续上表

工艺路线2:																								

3. 工艺路线论证分析

论证:																								

结论:																								

(6) 根据图样要求,在图4-25所示刀具中选择合适的刀具,并拟订刀具清单。

刀 具 清 单

序号	名称	规格	数量	用途

图4-25 刀具

(7) 拟定加工该零件所用的工量具清单,并进行准备,填写表4-7。

工量具清单　　　　　　　　　表4-7

序号	名称	规格	数量	用途

三、决策（集思广益、作出决定）

(1) 说明什么是机械加工工艺规程，并说明其在工业生产中的意义。

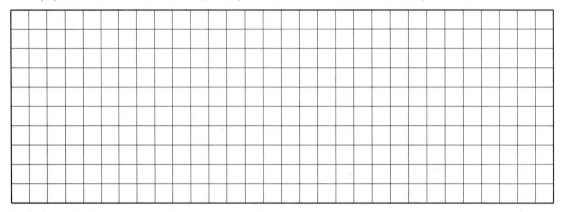

(2) 查阅机械手册，计算关键工序切削参数。

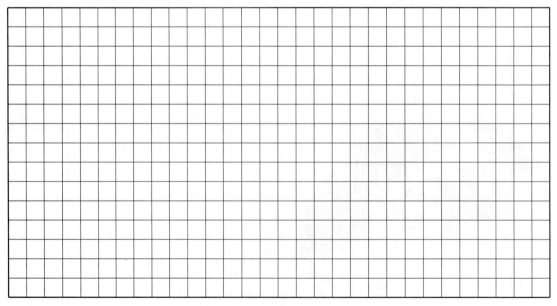

(3) 根据工艺路线和刀具表，填写机械加工工艺卡（表4-8）。

表 4-8 机械加工工艺卡片

单位		产品型号		零件图号			共 页
		产品名称		零件名称			第 页
材料牌号	毛坯种类	毛坯尺寸		零件单件质量（kg）			工艺简图
工序号	工序名称	工步号	工序、工步内容	工艺装备			
				夹具	刀具与刀号	量具	
				设备型号	切削参数		
				程序号	主轴转速	进给速度	背吃刀量

四、实施(分工合作、沟通交流)

1. 铣床安全操作规程

1)安全操作基本注意事项

(1)工作时穿好工作服、安全鞋,戴好工作帽及防护镜,注意:不允许戴手套操作机床。

(2)不要移动或损坏安装在机床上的警告标牌。

(3)不要在机床周围放置障碍物,工作空间应足够大。

(4)某一项工作如需要两人或多人共同完成时,应注意相互间的协调一致。

(5)不允许采用压缩空气清洗机床、电气柜及 NC 数控单元。

2)工作前的准备工作

(1)机床开始工作前要有预热,认真检查润滑系统工作是否正常,如机床长时间未开动,可先采用手动方式向各部分供油润滑。

(2)使用的刀具应与机床允许的规格相符,有严重破损的刀具要及时更换。

(3)调整刀具,所用工具不要遗忘在机床内。

(4)大尺寸轴类零件的中心孔是否合适,中心孔如太小,工作中易发生危险。

(5)刀具安装好后应进行一两次试切削。

(6)检查卡盘夹紧工作的状态。

(7)机床开动前,必须关好机床防护门。

3)工作过程中的安全注意事项

(1)禁止用手接触刀尖和铁屑,铁屑必须要用铁钩子或毛刷来清理。

(2)禁止用手或其他任何方式接触正在旋转的主轴、工件或其他运动部位。

(3)禁止加工过程中测量变速,更不能用棉丝擦拭工件,也不能清扫机床。

(4)铣床运转中,操作者不得离开岗位,发现机床异常现象立即停车。

(5)经常检查轴承温度,过高时应找有关人员进行检查。

(6)在加工过程中,不允许打开机床防护门。

(7)严格遵守岗位责任制,机床由专人使用,他人使用须经本人同意。

(8)工件伸出车床 100mm 以外时,须在伸出位置设防护物。

4)工作完成后的注意事项

(1)清除切屑、擦拭机床,使用机床与环境保持清洁状态。

(2)注意检查或更换磨损的机床导轨上的油擦板。

(3)检查润滑油、冷却液的状态,及时添加或更换。

(4)依次关掉机床操作面板上的电源和总电源。

2. 6S 职业规范

6S 的定义及目的:

模块四　齿轮零件机械加工工艺编制及实施

3. 制订组员分工计划(含坯料准备、工位准备、工具准备、加工实施、6S 等方面)

制订组员分工计划,填写表4-9。

分工计划　　　　　　　　　　　　　　　　　　　　　表4-9

序　号	计划内容	人　员	时间(分钟)	备　注
1	坯料准备			
2	工位准备			
3	工量刀具准备			
4	加工实施			
5	监督、6S			

4. 领取材料并进行加工前准备

(1)以情境模拟的形式,到材料库领取材料,并填写领料单(表4-10)。

领　料　单　　　　　　　　　　　　　　　　　　　　表4-10

填表日期:		年　月　日			发料日期:		年　月　日	
领料部门				产品名称及数量				
领料单号				零件名称及数量				
材料名称	材料规格及型号	单位	数量		单价		总价	
			请领	实发				
							领料部门	主管　领料数量
材料说明用途		材料仓库	主管		发料数量			

(2)领取毛坯料,并测量外形尺寸,判断毛坯是否有足够的加工余量。

(3)根据工量具清单和刀具清单准备工量刀具。

(4)给相关部位加注润滑油,检查油标。

5. 启动加工设备,运用加工设备加工零件

(1)叙述开机步骤和对刀方法,并在机床上练习。

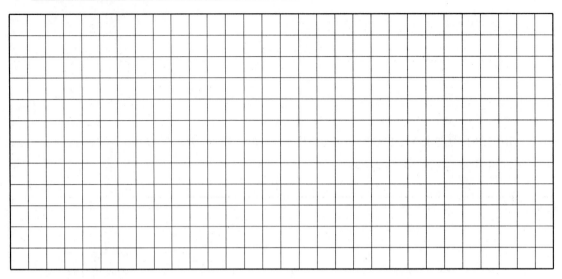

(2) 叙述粗、精加工对转速及进给量的要求,并说明原因。

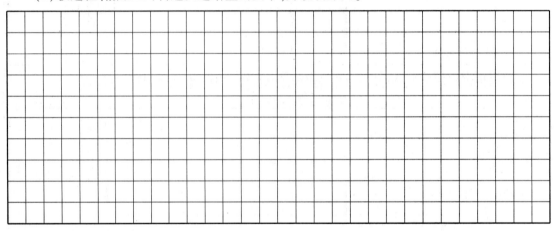

五、控制(查漏补缺、质量检测)

(1) 明确检测要素,组内检测分工(表4-11)。

检测要素与分工　　　　　　　　　　表4-11

序　号	检测要素	检测人员	工　量　具

(2) 按照评分标准进行零件检测(表 4-12)。

零件检测评分表　　　　　　　　　　　　　　　　表 4-12

项目与配分		序号	技术要求	配分	评分标准	自测记录	得分	互测记录
工件加工评分（70%）	外形轮廓	1		20	超差全扣			
		2		10	超差全扣			
		3		10	每错一处扣 2 分			
		4		10	超差全扣			
		5		10	超差 0.01mm 扣 3 分			
		6		10	每错一处扣 1 分			
程序或工艺(20%)		7	加工工艺卡	20	不合理处每处扣 2 分			
机床操作（10%）		8	机床操作规范	5	出错一次扣 2 分			
		9	工件、刀具装夹	5	出错一次扣 2 分			
安全文明生产（倒扣分）		10	安全操作	倒扣	安全事故停止操作或酌扣 5~30 分			
		11	6S	倒扣				

(3) 根据检测结果，小组讨论和分析产生废品的原因及预防措施并填写表 4-13。

废品产生原因及预防措施　　　　　　　　　　　　　　　　表 4-13

项目	废品种类	产生原因	预防措施

六、评价（总结过程、任务评估）

(1) 小组按照评分标准进行工作过程自评(表 4-14)。

工作过程评价小组自评表　　　　　　　　　　　　　　　　表 4-14

班级		组名		日期	年　月　日
评价指标	评价要素			分数	分数评定
信息检索	能有效利用网络资源、工作手册查找有效信息；能用自己的语言有条理地去解释、表述所学知识；能对查找到的信息有效转换到工作中			10	
感知工作	是否熟悉各自的工作岗位，认同工作价值；在工作中，是否获得满足感			10	

续上表

班级		组名		日期	年　月　日
参与状态		与教师、同学之间是否相互尊重、理解、平等；与教师、同学之间是否能够保持多向、丰富、适宜的信息交流		10	
		探究学习、自主学习不流于形式，处理好合作学习和独立思考的关系，做到有效学习；能提出有意义的问题或能发表个人见解；能按要求正确操作；能够倾听、协作分享		10	
学习方法		工作计划、操作技能是否符合规范要求；是否获得了进一步发展的能力		10	
工作过程		遵守管理规程，操作过程符合现场管理要求；平时上课的出勤情况和每天完成工作任务情况；善于多角度思考问题，能主动发现、提出有价值的问题		15	
思维状态		是否能发现问题、提出问题、分析问题、解决问题、创新问题		10	
自评反馈		按时按质完成工作任务；较好地掌握了专业知识点；具有较强的信息分析能力和理解能力；具有较为全面严谨的思维能力并能条理明晰表述成文		25	
		自评分数			
有益的经验和做法					
总结反思建议					

（2）小组之间按照评分标准进行工作过程互评（表4-15）。

工作过程评价小组互评表　　　　　　　　　　表4-15

班级		被评组名		日期	年　月　日
评价指标		评价要素		分数	分数评定
信息检索		该组能否有效利用网络资源、工作手册查找有效信息		5	
		该组能否用自己的语言有条理地去解释、表述所学知识		5	
		该组能否对查找到的信息有效转换到工作中		5	
感知工作		该组能否熟悉自己的工作岗位，认同工作价值		5	
		该组成员在工作中，是否获得满足感		5	
参与状态		该组与教师、同学之间是否相互尊重、理解、平等		5	
		该组与教师、同学之间是否能够保持多向、丰富、适宜的信息交流		5	
		该组能否处理好合作学习和独立思考的关系，做到有效学习		5	
		该组能否提出有意义的问题或能发表个人见解；能按要求正确操作；能够倾听、协作分享		5	
		该组能否积极参与，在产品加工过程中不断学习，综合运用信息技术的能力提高很大		5	

续上表

班级		被评组名		日期		年　　月　　日
学习方法	该组的工作计划、操作技能是否符合规范要求			5		
	该组是否获得了进一步发展的能力			5		
工作过程	该组是否遵守管理规程,操作过程符合现场管理要求			5		
	该组平时上课的出勤情况和每天完成工作任务情况			5		
	该组成员是否能加工出合格工件,并善于多角度思考问题,能主动发现、提出有价值的问题			15		
思维状态	该组是否能发现问题、提出问题、分析问题、解决问题、创新问题			5		
自评反馈	该组能严肃认真地对待自评,并能独立完成自测试题			10		
		互评分数				
简要评述						

(3)教师按照评分标准对各小组进行任务工作过程总评(表 4-16)。

任务工作过程总评表

表 4-16

班级			组名		姓名	
出勤情况						
一	信息	口述任务内容并分组分工	1. 表述仪态自然、吐字清晰	5	表述仪态不自然或吐字模糊扣1分	
			2. 表述思路清晰、层次分明、准确,分组分工明确		表述思路模糊或层次不清扣2分,分工不明确扣2分	
二	计划	依据图样分析工艺并制订相关计划	1. 分析图样关键点准确	10	表述思路或层次不清扣2分	
			2. 制订计划及清单清晰合理		计划及清单不合理扣3分	
三	决策	制订加工工艺	制订合理工艺	9	一处工步错误扣1分,扣完为止	
四	实施	加工准备	1. 工具(扳手、垫刀片)、刀具、量具准备	3	每漏一项扣1分	
			2. 机床准备(电源、冷却液)		没有检查扣1分	
			3. 资料准备(图纸)		实操期间缺失扣1分	
			4. 以情境模拟的形式,体验到材料库领取材料,并完成领料单	2	领料单填写不完整扣1分	
		加工	1. 正确选择、安装刀具	5	选择错误扣1分,扣完为止	
			2. 查阅资料,正确选择加工参数	5	选择错误扣1分,扣完为止	
			3. 正确实施零件加工无失误(依据零件评分表)	40		
		现场	1. 在加工过程中保持6S、三不落地	5	每漏一项扣1分,扣完此项配分为止	
			2. 机床、工具、量具、刀具、工位恢复整理	5	每违反一项扣1分,扣完此项配分为止	

续上表

班级			组名			姓名	
五	控制		正确读取和测量加工数据并正确分析测量结果	5		能自我正确检测工件并分析原因,每错一项,扣1分,扣完为止	
六	评价	工作过程评价	1. 依据自评分数	3			
			2. 依据互评分数	3			
七	合计			100			

拓展训练项目导入

任务对象:图4-26为另一圆柱齿轮零件图,生产类型为中等批量生产,材料为40Cr。

任务要求:完成图4-26所示的圆柱齿轮零件的机械加工工艺文件编制,填写轴承套机械加工工艺卡;在条件允许的情况下操作机床加工零件,并进行零件的质量分析和检测,验证编制工艺的合理性。

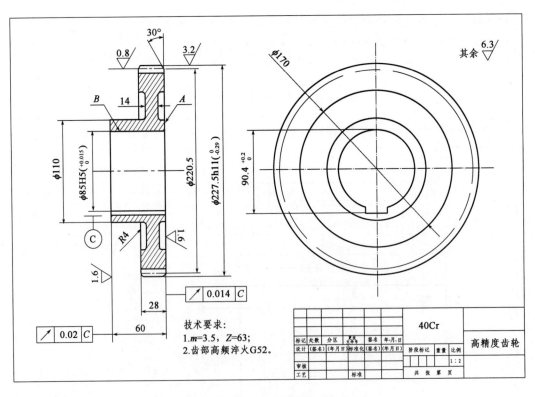

图4-26 齿轮零件图

模块五 平面类零件机械加工工艺编制及实施

1. 掌握平面类零件的功能和结构特点；
2. 掌握平面类零件的材料和毛坯选用方法；
3. 掌握平面类零件的加工方法；
4. 掌握平面类零件加工设备和刀具的使用方法；
5. 掌握平面类零件检测工具的使用和检测方法。

1. 能够依据零件图分析平面类零件的技术要求和工艺性；
2. 能够依据零件图及零件图分析结果选择毛坯材料和种类；
3. 能够依据平面类零件的零件图编制机械加工工艺卡；
4. 初步具备较复杂平面类零件的工艺路线编写能力；
5. 能够进行平面类零件的加工和质量检测。

示教项目导入

任务对象： 图 5-1 所示为落料凹模零件图，材料 45 钢，生产类型为大批量生产。

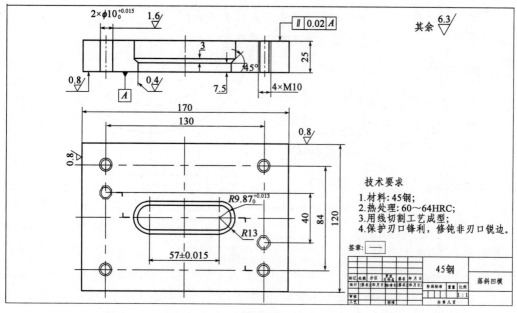

图 5-1 落料凹模零件图

任务要求:完成图 5-1 所示落料凹模零件图的机械加工工艺文件编制,填写落料凹模机械加工工艺卡;在条件允许的情况下操作机床加工零件,并进行零件的质量分析和检测,验证编制工艺的合理性。

主线任务　平面类零件的机械加工工艺编制

任务 5.1　零件图图样分析

 学习目标

知识目标:
1. 掌握零件图图样分析的一般方法;
2. 掌握零件技术要求分析的一般方法;
3. 掌握零件结构工艺性概念;
4. 掌握零件结构要素和整体结构工艺性分析的方法。

 能力目标

1. 能够依据零件图图样审查视图是否符合机械制图国家标准;
2. 能够依据机械制图国家标准审查尺寸、尺寸公差、形状公差、位置公差和表面粗糙度是否标注齐全、合理;
3. 能够分析零件的结构要素、整体结构的作用和功能;
4. 能够依据现有生产条件分析零件技术要求的合理性;
5. 能够进行零件整体结构和结构要素的工艺性分析。

 问题引导

1. 平面类零件的功能和作用是什么?
2. 平面类零件技术要求分析有哪些内容?
3. 平面类零件有哪些加工表面?结构工艺性如何?

 知识导航

一、平面类零件特点

平面类零件是机械中常见的一种零件,它的应用范围很广。如机器的支撑固定板、各类键及模具零件等。在这些平面类零件应用中,模具零件中的平面类零件比较常见,如冷冲模的模板、垫板、凹凸模等,还有塑料模中的定模板、动模板、垫块、侧型芯滑块等,如图 5-2 所示,模具中这类零件的主要功能是支承、安装模具的工作零件或直接作为工作零件。

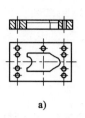 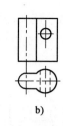 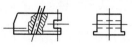

a)　　　　　　　　b)　　　　　　　　c)　　　　　　　　d)

图 5-2　几种板类零件的结构简图

a)冷冲模凹模；b)冷冲模凸模；c)冷冲模推件板；d)塑料模滑块

模具板类零件是以平面为主的平板状、块状零件,零件中有众多不同的孔组成的对位置精度和尺寸精度要求严格的孔系。由于不同种类的面类零件的形状、材料、尺寸、精度及性能要求不同,但每一块平面类零件都是由平面和孔系组成的,因此,平面类零件的加工主要就是各种平面及各类孔的加工。

二、平面类零件的主要技术要求

平面类零件的主要表面是平面和孔,其主要技术要求如下:

1. 尺寸精度要求

一般对板类零件的板厚及长、宽尺寸等形状尺寸精度要求不高(有特殊配合要求的外表面除外),螺栓通孔的尺寸要求也不高,一般要求能达到IT13～IT11。销孔、安装孔精度要求较高,为IT8～IT7。对于模具成型零部件,型腔或型孔的尺寸精度取决于所生产产品的精度要求。

2. 几何形状精度要求

几何形状精度主要指平面的平面度及孔的圆度和圆柱度。一般平面度的要求为0.02～0.1mm,孔的圆度和圆柱度应在直径公差的范围内。

3. 位置精度要求

相互位置精度主要指板上、下表面间的平行度及与侧面的垂直度,孔与板平面之间的垂直度以及孔与孔之间的同轴度。一般,冷冲模板上、下表面平行度公差等级要求为0.01～0.05mm,孔的轴线对上、下模板平面的垂直度要求为0.01～0.05mm。注塑模模板的上、下表面间的平行度公差等级要求为0.02～0.1mm。

4. 表面粗糙度要求

板类零件的表面粗糙度应与其尺寸精度、表面工作要求相适应。一般条件下,模板表面粗糙度 Ra 为1.6～0.8μm,销孔、安装孔表面粗糙度 Ra 为0.8～0.4μm。

一、实施环境

理实一体化教学车间或普通教室。

二、实施步骤

对图5-1所示落料凹模零件进行如下步骤的图样分析。

1. 零件图的图样分析

按零件图分析的一般方法审查设计图样的完整性和正确性、零件视图的准确性,图样标注应该符合国家标准。

分析零件图的结构,确定零件及零件的作用和功能,分析零件结构由哪些结构要素组成,确定每个结构要素的功能和作用。

2. 零件的技术要求分析

在不影响产品使用性能的前提下,产品设计应当满足经济性要求,尽可能地降低产品的制造精度。工艺人员有责任审查零件的技术要求是否合理及在现有生产条件下能否达到设计要求,并与设计人员一起共同研究和探讨改进设计以降低成本。

零件的技术要求主要有尺寸精度、形状精度、位置精度、表面质量、热处理及其他技术要求。

3. 零件的结构工艺性分析

根据零件结构工艺性的一般原则,判断该零件的结构工艺性是否良好,如果结构工艺性不好,提出改进工艺结构的方案。

任务5.2 毛 坯 选 择

知识目标:

1. 了解常用毛坯的种类;
2. 掌握毛坯的选用方法;
3. 熟悉确定毛坯形状和尺寸选用原则。

能力目标:

1. 能够依据零件图及零件图分析结果合理选用毛坯种类;
2. 能够依据零件图熟练确定毛坯形状和尺寸。

1. 选择毛坯包含哪些内容?
2. 零件的材料选择是否合理?热处理工艺是否合理?
3. 零件毛坯形状和尺寸如何确定?

一、平面类零件的材料与毛坯

平面类零件的选材一般根据零件的使用性能要求决定,一般用钢、铸铁制成。对于铸铁板类零件,例如冷冲模模座,要求承受一定的冲击力,但是由于外形较复杂,因此采用铸造毛坯可以减少加工工作量。

平面类零件的毛坯选择与其材料、结构、尺寸及生产批量有关。对于一般受力零件,选择热轧钢板直接加工;对于使用性能要求高的模具成型零件,一般选择棒料,然后进行锻造,加工成板状,能改善材料的组织和性能。

二、箱体类零件的热处理

平面类零件的热处理与零件的材料及使用性能有关。对于铸造毛坯,需要进行退火处理,消除内应力及改善组织。对于普通钢制毛坯,如果是机械性能要求一般的零件,可不进行热处理而直接使用;如果是机械性能要求高的模具成型零件,由于使用专用模具钢生产,要求有高的硬度和耐磨性,则需要进行热处理。一般情况下,在毛坯锻造后进行球化退火,可改善组织、降低硬度、消除内应力,在进行粗加工、半精加工后,进行最终热处理,从而获得零件工作时需要的高硬度和高的耐磨性。

一、实施环境

理实一体化教学车间或普通教室。

二、实施步骤

对图 5-1 所示落料凹模零件按如下步骤选择毛坯。

1. 落料凹模工作情况分析

分析零件的工况,如零件所处的工作环境、零件所受的载荷、零件应该具备的机械和力学性能。

2. 毛坯选择方案

在不影响产品使用性能的前提下,毛坯选择应当满足经济性要求,尽可能地降低产品的制造精度。在满足功能和使用性能的前提下,审查零件材料是否选择合理,确定毛坯的种类。

3. 毛坯形状与尺寸确定(画毛坯图)

受毛坯制造技术的限制,加之对零件精度与表面质量的要求越来越高,故毛坯某些表面留有一定的加工余量,称为毛坯加工余量。毛坯制造公差称为毛坯公差;其余量与公差可以参照有关工艺手册和标准选取。毛坯余量确定应考虑毛坯制造、机械加工、热处理等各种因素的影响。

确定毛坯形状和尺寸后,画出毛坯的工序简图。

任务 5.3　工艺过程设计

知识目标:

1. 掌握平面类零件表面加工方法的选择要领;

2. 掌握平面类零件的常用加工设备、刀具和量具的使用方法；
3. 掌握平面类零件的定位和装夹方法。

能力目标：
1. 能够依据零件技术要求进行定位基准确定；
2. 能够依据零件的结构要素特征选择合理的加工设备和刀具；
3. 能够划分加工阶段；
4. 能够安排加工顺序。

1. 平面类零件加工时通常采用哪个表面作为粗基准？哪个表面作为精基准？
2. 平面类零件平面采用何种工艺方案加工？采用何种设备和刀具加工？
3. 平面类零件的加工顺序如何安排？
4. 平面类零件的加工工艺方案有几种？哪种方案最佳？为什么？

一、平面类零件的一般加工方法

平面类零件虽然结构和精度要求不尽相同，但在工艺上有许多共同之处；箱体类零件的加工表面虽然很多，但主要是平面和孔系的加工，因而在加工方法上有许多共同点；箱体类零件上的结构形状一般比较复杂，且壁薄而不均匀，加工精度不稳定，因而在工艺过程中如何合理地选择定位基准、划分加工阶段和安排加工顺序，以及在工艺过程中辅以适当的消除内应力措施等，在原则上都有共同之处。

平面类零件的主要加工表面是孔系和装配基准平面。如何保证这些表面的加工精度和表面粗糙度、孔系之间以及孔与装配基准面之间的距离尺寸精度和相互位置精度，是平面类零件加工的主要工艺问题。

平面类零件的典型加工路线为：平面加工→孔系加工→次要面(紧固孔等)加工。

有些复杂平面类零件，如箱体零件的加工表面多，加工量大，必须根据不同的生产规模，合理地选择定位基准、加工方法及工艺装备等，以期获得最佳的技术经济效果。

二、平面零件的平面加工方法

平面的粗加工和半精加工主要采用刨削和铣削，也可采用镗削和车削。当生产批量较大时，可采用各种专用的组合铣床对箱体各平面进行多刀、多面同时铣削；尺寸较大的箱体，也可在多轴龙门铣床上进行组合铣削，以便提高箱体平面加工的生产率。箱体平面的精加工，单件小批生产时，除一些高精度的箱体仍需手工刮研外，一般多用精刨代替传统的手工刮研；当生产批量大而精度又较高时，多采用磨削。为提高生产率和平面间的位置精度，可采用专用磨床进行组合磨削。

在选择平面加工方法时，主要是要考虑平面加工的进度和表面粗糙度的要求，同时也要兼顾加工效率的要求。

1. 平面车削

平面车削一般用于加工轴、轮、盘、套等回转体零件的端面、台阶面等,也用于其他需要加工的孔和外圆零件的端面。通常这些面要求与内、外圆柱面的轴线垂直,一般在车床上与相关的外圆和内孔在一次装夹中完成加工。中、小型零件的平面车削在卧式车床上进行,重型零件的加工可在立式车床上进行。平面车削精度可达 IT7~IT6,表面粗糙度 Ra 可达 12.5~1.6μm。

2. 平面铣削

平面铣削是平面加工的主要方法。铣削中、小型零件一般用卧式或立式铣床,铣削大型零件的平面则用龙门铣床。铣削工艺具有工艺范围广、生产效率高、刀齿散热条件较好、可进行多刃高速切削、生产效率高等优点,但易产生振动且经济性不如刨削。

平面铣削按加工质量可分为粗铣和精铣。粗铣的表面粗糙度 Ra 为 50~12.5μm,精度为 IT14~IT12;精铣的表面粗糙度 Ra 为 3.2~1.6μm,精度为 IT9~IT7。

铣削的特点如下:

(1)多数情况下,铣削比刨削的生产效率高,但加工窄长平面时,刨削生产效率高。铣削的适应性优于刨削。

(2)铣削质量略高于刨削。

(3)加工成本刨削低。

3. 平面刨削

平面刨削是平面加工的方法之一,中、小型零件的平面加工一般多在牛头刨床上进行,龙门刨床则用来加工大型零件的平面以及同时加工多个中型工件的平面。

平面刨削主要用于平面的粗加工和半精加工,对于窄长平面的加工,刨削效率高于铣削,刨削平面所用的机床、工件夹具结构简单,调整方便,在工件一次装夹中能同时加工处于不同位置上的平面,且有时刨削加工可以在同一工序中完成。因此,平面刨削具有灵活、适应性好的优点。

刨削可分为粗刨和精刨。粗刨的表面粗糙度 Ra 为 50~12.5μm,尺寸精度可达 IT14~IT12;精刨的表面粗糙度 Ra 为 3.2~1.6μm,尺寸精度为 IT9~IT7。宽刃刨刀以很低的切削速度(类似刮研的速度)、很小的切削深度进行切削,因切削力、加工热和由此产生的变形量都很小,所以能达到较高的加工质量。宽刃精刨可代替刮研,从而提高生产效率,降低劳动强度。

刨削生产效率较低的原因如下:

(1)主运动为往复直线运动,反向时受惯性力的影响,加之刀具切入和切出时有冲击,限制了切削速度的提高。

(2)单刃刨刀实际参加切削的切削刃长度有限,一个表面要经多次行程才能加工出来,基本工艺时间长。

(3)刨刀回程时不切削,增加了辅助时间。

4. 平面拉削

平面拉削是一种高效率、高质量的加工方法,主要用于大批量生产中,其工作原理和拉孔相同,平面拉削的精度可达 IT7～IT6,表面粗糙度 Ra 可达 50～12.5μm。

5．平面磨削

平面磨削可用于加工平直度、平面之间相互位置精度要求较高、表面粗糙度要求小的平面,在铣削、刨削、车削后进行,随着高效率磨削的发展,平面磨削既可作为精密加工,又可代替铣削和刨削进行粗加工。

平面磨削可分为周磨和端磨两种:

1)周磨

周磨平面是指用砂轮的圆周来磨削平面。周磨时,砂轮与零件的接触面积小,摩擦发热小,排屑及冷却条件好,零件受热变形小,且砂轮磨损均匀,所以加工精度较高。但是砂轮主轴处于水平位置,呈悬臂状态,刚性较差;因不能采用较大的磨削用量,故生产效率较低(图 5-3)。

图 5-3　周磨

2)端磨

端磨平面是指用砂轮的圆周面来磨削平面。端磨时,磨头伸出短,刚性好,可采用较大的磨削用量,生产效率高;砂轮与工件接触面积大,发热量多,散热和冷却较困难,加上砂轮端面各点的圆周线速度不同,磨损不均匀,故精度较低;广泛应用于平板平面、托板的支承面、轴承和盘类零件的端面或环端面等大小机件的精密加工,以及机床导轨、工作台等大型平面以磨代刮的精加工(图 5-4)。

图 5-4　端磨

平面磨削相对内、外圆磨床机床结构简单,成本较低,但加工质量较高。

有色金属、不锈钢、各种非金属的大型平面、卷带材、板材可用砂带磨削。

6．平面的光整加工

1)平面刮研

刮研是手工用刮刀去除工件表层很薄的一层金属的加工。表面粗糙度 Ra 可达 1.6～

$0.4\mu m$,平面的直线度可达 $0.01mm/m$,甚至可达 $0.005\sim0.0025mm/m$。刮研的特点是成本低,加工出来的配合精度高,同时,又能在两平面间形成贮油空隙,提高了耐磨性。但劳动强度大,生产率低,故多用于单件小批量生产,只能加工未淬硬的固定连接面、导向面、大型精密平板和直尺等。在大批生产中,刮研常用磨削或宽刃精刨代替。

2)平面研磨

平面研磨方法与前述外圆研磨相似。经研磨后的两平面的吻合精度可达 IT5~IT3,Ra 可达 $0.1\sim0.008\mu m$,直线度可达 $0.005mm/m$。小型平面研磨还可减小平行度误差。

平面研磨主要用来加工小型平板、直尺、块规等零件的精密测量平面。单件小批量生产常采用手工研磨,大批量生产则常用机械研磨。

7. 平面加工方案的选择

平面加工方案首先考虑该平面的尺寸精度、形位公差要求、表面粗糙度要求、硬度要求。然后再根据该零件的结构和大小、生产规模等在图 5-5 所示的方案中进行选择。

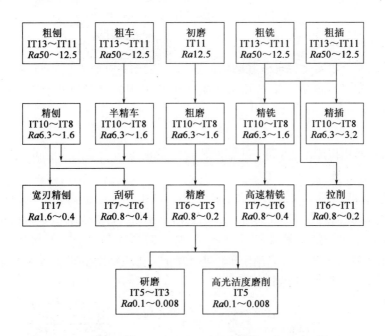

图 5-5　平面加工常用的方案

选择原则:

(1)非工作表面一般采用粗铣、粗刨或粗车方案。

(2)有色金属采用粗铣—精铣。

(3)平板零件采用铣(刨)—磨方案。精度要求高的再经光整加工。

(4)盘套筒、轴类零件端面加工采用粗车—半精车—磨的方案。

(5)箱体、支架类零件采用粗铣(刨)—精铣(刨)—磨的方案。

(6)各种导向平面如导轨、燕尾槽等采用粗刨(铣)—精刨(铣)—宽刃精刨(括研)的方案。

(7)内平面单件小批量生产时采用钻孔—粗插—精插。

(8)大批量生产时采用拉削方案。

三、平面类零件的孔系加工

有相互位置精度要求的一系列孔称为孔系。孔系可分为平行孔系、同轴孔系和交叉孔系。如图5-6所示,由于箱体上的孔不仅本身精度要求高,而且孔距精度和相互位置精度要求也高,可根据生产规模和孔系的精度要求采用不同的加工方法,因此箱体加工的关键是孔系的加工。

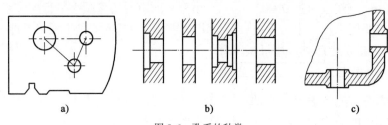

图5-6 孔系的种类
a)平行孔系;b)同轴孔系;c)交叉孔系

1. 平行孔系的加工

平行孔系的加工主要是保证各孔间的位置精度,包括各孔轴心线之间、轴心线与基准之间的位置尺寸精度和平行度等。平行孔系在生产中常采用的加工方法有找正法、镗模法和坐标法。

1)找正法

找正法是在通用机床上,借助一些辅助装置去找正每一个被加工孔的正确位置。找正法包括以下几种。

(1)划线找正法。加工前按图样要求在毛坯上划出各孔的位置轮廓线,加工时按所划线找正,同时结合试切法进行加工以提高划线找正的精度。划线找正法设备简单,但操作难度大,生产效率低,同时,加工精度受工人技术水平的影响较大,加工的孔距较低,一般为±0.3mm。因此,这种方法一般只用于单件小批生产、孔距精度要求不高的孔系加工。图5-7所示为箱体利用千斤顶来进行划线找正。

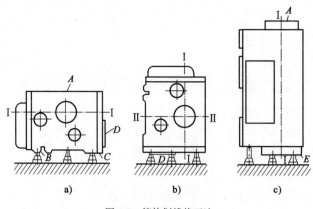

图5-7 箱体划线找正法
a)水平;b)侧面;c)高度

(2) 量块心轴找正法。如图 5-8 所示,将精密心轴分别插入机床主轴孔和已加工孔中,然后组合一定尺寸的量规来找正主轴的位置。找正时,在量块心轴间要用塞尺测定间隙,以免量块与心轴直接接触而产生变形。此法可达到较高的孔距精度(±0.3mm),但生产效率低,适用于单件小批量生产。

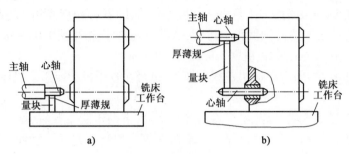

图 5-8 量块心轴找正法
a) 第一工位;b) 第二工位

(3) 样板找正法。如图 5-9 所示,先用 10～20mm 厚的钢板制造孔系样板,样板上孔系的孔距精度要求很高(一般小于 ±0.1mm),孔径比工件的孔径稍大,以便镗杆通过。样板上的孔径尺寸要求不高,但几何形状精度和表面粗糙度要求较高,以便保证找正精度。使用时,将样板装在被加工箱体的端面上,利用装在机床主轴上的百分表找正器,按样板上的孔逐个找正机床主轴的位置进行加工。此法加工孔系不容易出差错,找正迅速,孔距精度可达 ±0.2mm,样板成本比镗模低得多,常用于单件小批量生产中加工大型箱体的孔系。

2) 镗模法

如图 5-10 所示,工件装夹在镗模上,镗杆支承在镗模的导套里,由导套引导镗杆在工件的正确位置上镗孔。

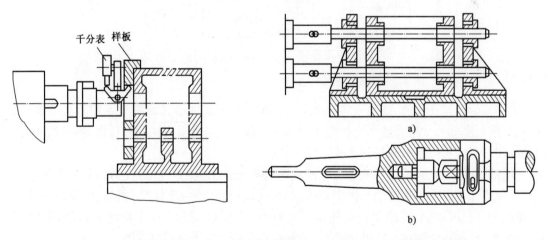

图 5-9 样板找正法

图 5-10 用镗模加工孔系
a) 镗模;b) 镗杆活动连接头

用镗模镗孔时,镗杆与机床主轴多采用浮动连接,机床精度对孔系加工精度影响很小。孔距精度和相互位置精度主要取决于镗模的精度,因而可以在精度较低的机床上加工出精度较高的孔系;同时,镗杆刚度大大提高,有利于采用多刀同时切削。此外,其定位夹紧迅速,生产效率高。另一方面，镗模的精度要求高，制造周期长，成本高。因此，镗模法加工孔系广泛应用于大批量生产，即使是单件小批生产，对一些精度要求较高、结构复杂的箱体孔系，往往也采用镗模法加工。

由于镗模法本身的制造误差和导套与镗杆的配合间隙对孔系加工精度有影响，因此，用镗模加工孔系不可能达到很高的加工精度。一般孔径尺寸精度为 IT7 级左右，表面粗糙度 Ra 为 $1.6\sim0.8\mu m$；孔与孔之间的同轴度和平行度，当从一端加工时可达 $0.02\sim0.03mm$，当从两端加工时可达 $0.04\sim0.05mm$；孔距精度一般为 $\pm0.05mm$。

用镗模法加工孔系，即可在通用机床上加工，也可在专用机床或组合机床上加工。

3）坐标法

坐标法是在普通卧式铣镗床、坐标镗床等设备上，借助于测量装置，调整机床主轴与工件间在水平和垂直方向的相对位置，以保证孔距精度的一种镗孔方法。这种方法在单件小批生产及精密孔系加工中应用较广。图 5-11 所示为在卧式铣镗床上用百分表和量规来调整主轴垂直和水平坐标位置。

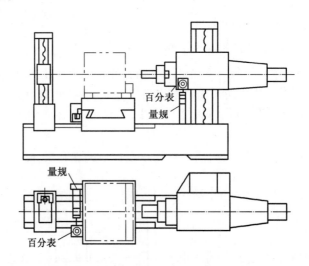

图 5-11　在卧式铣镗床上用坐标法加工孔系

采用坐标法镗孔之前，必须先将被加工孔系间的孔距尺寸换算成两个互相垂直的坐标尺寸，然后按此坐标尺寸精确地调整机床主轴和工件在水平与垂直方向的相位置，通过控制机床的坐标位移尺寸和公差来间接保证孔距尺寸精度。

坐标法镗孔的孔距精度取决于坐标的移动精度，也就是取决于机床坐标测量装置的精度。

坐标镗床夹具有精确的坐标测量系统，如精密丝杠、光屏—刻线尺、光栅、感应同步器、磁尺、激光干涉仪等，其坐标位移定位精度可达 $0.002\sim0.006mm$。孔距精度要求特别高的孔系，如镗模、精密机床箱体等零件的孔系，大都是在坐标镗床上进行加工的。

数控镗铣床和加工中心都具有较高的坐标位移定位精度。

采用坐标法加工孔系时，要特别注意选择基准孔和镗孔顺序。在选择原始孔和考虑镗孔顺序时，要把有孔距精度要求的两孔的加工顺序紧紧地连在一起，以减少坐标尺寸累积误差对孔距精度的影响；同时应尽量避免因主轴箱和工作台的多次往返移动而由间隙造成对定位精度的影响。此外,所选原始孔应有较高的精度和较小的表面粗糙度,以保证在加工过程中检验镗床主轴相对坐标原点位置的准确性。

2. 同轴孔系的加工

同轴孔系的主要技术要求为同轴线上各孔的同轴度。同轴孔系在生产中常采用的加工方法有镗模法、导向法和找正法。

1) 镗模法

在成批以上生产中,一般采用镗模加工,其同轴度由镗模保证。精度要求较高的单件小批量生产,采用镗模法加工也是合理的。

2) 导向法

单件小批量生产时,箱体孔系一般在通用机床上加工,不使用镗模,镗杆的受力变形会影响孔的同轴度,可采用导套导向加工同轴孔。

(1) 用已加工孔作为支承导向。当箱体前壁上的孔加工后,可在孔内装一导向套,以支承和引导镗杆加工后面的孔,来保证两孔的同轴度。此法适用于箱壁相距较近的同轴孔的加工,如图 5-12 所示。

(2) 用镗床后立柱上的导向套作为支承导向。此法镗杆为两端支承,刚性好,但后立柱导套的位置调

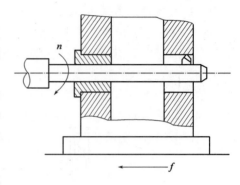

图 5-12 利用已加工孔导向

整麻烦费时,需心轴量块找正,且需要较长较粗的镗杆,故一般适用于大型箱体的加工。

3) 找正法

找正法是在工件一安装中镗出箱体一端的孔后,将镗床工作台回转 180°,再对箱体另一端同轴线的孔进行找正加工。为保证同轴度,找正时应注意两点:首先应确保镗床工作台精确回转 180°,否则两端所镗孔轴线不重合;其次掉头后应保证镗杆轴线与已加工孔轴线的位置精确重合。

如图 5-13 所示,镗孔前用装在镗杆上的百分表对箱体上与所镗孔轴线平行的工艺基面进行校正,使其与镗杆轴线平等,然后调整主轴位置加工箱体 A 壁上的孔。镗孔后将工作台回转 180°,重新校正工艺基面对镗杆轴线的平行度,再以工艺基面为统一测量基准调整主轴位置,使镗杆轴线与 A 壁上的孔轴线重合,即可加工箱体 B 壁上的孔。

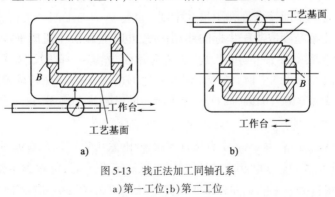

图 5-13 找正法加工同轴孔系
a) 第一工位; b) 第二工位

3. 交叉孔系的加工

箱体上交叉孔系的主要技术要求是控制有关孔的垂直度误差。交叉孔系在生产中常采用的加工方法有镗模法和找正法。

1) 镗模法

在成批以上的生产中，一般采用镗模法加工，其垂直度由镗模保证。

2) 找正法

单件小批量生产中，箱体孔系一般在通用机床上加工。交叉孔系间的垂直度靠找正精度来保证。普通镗床工作台的90°对准装置为挡块机构，结构简单，对准精度不高，每次凭借经验保证挡块接触松紧程度一致，否则难以保证对准精度。有些镗床上采用端面齿定位装置（TM617），90°定位精度为5"（任意位置为10"）；有些镗床则用光学瞄准器，其定位精度更高。

在普通镗床上，其垂直度主要靠机床的挡块保证，其定位精度较低。为了提高定位精度，可用心轴与百分表找正。

如图5-14所示，当普通镗床工作台90°对准装置精度不高时，用心轴与百分表进行找正，即在加工的孔中插入心轴，如图5-14a)所示；然后将工作台回转90°，摇动工作台并用百分表找正，如图5-14b)所示。

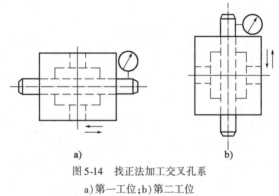

图5-14 找正法加工交叉孔系
a) 第一工位；b) 第二工位

四、平面类零件加工工艺过程遵循的原则

平面类零件加工工艺过程一般应遵循的原则如下：

1. 先面后孔的加工顺序

主轴箱的加工是按先面后孔的顺序进行的，这也是箱体加工的一般规律。因为箱体的孔比平面的孔难加工得多，先以孔为粗基准加工平面，再以平面为精基准加工孔，不仅为孔的加工提供了稳定可靠的精基准，同时可使孔的加工余量较为均匀。此外，由于箱体上的孔大部分分布在箱体的平面上，先加工平面，切除了铸件表面的凹凸不平和夹砂等缺陷，对孔的加工也比较有利，钻孔时可减少钻头引偏；而且扩孔或铰孔进可防止刀具崩刃，对刀调整也较方便。

2. 粗精加工分阶段进行

因为箱体平面类结构的形状复杂，主要表面的精度高，粗、精加工分开进行，可消除由粗加工所造成的切削力、夹紧力、切削热以及内应力对加工精度的影响，有利于保证箱体的加工精度；同时，还能根据粗、精加工的不同要求来合理地选用设备，有利于提高生产效率。

特别指出,随着粗、精加工分开进行,机床与工艺装备的需要数量及工件的装夹次数相应增加,对单件小批量生产来说,往往会使制造成本增加。在这种情况下,常常又将粗、加工合并在一道工序中进行,但应采取相应的工艺措施来保证加工精度。如粗加工后松开工件,以消除夹紧变形,精加工时再以较小的夹紧力夹紧工件;粗加工完待充分冷却后再进行精加工,以减少切削热引起的变形;粗加工后用空气锤进行人工振动时效,以减少内应力的影响等。

3. 合理安排热处理工序

箱体的结构比较复杂,壁厚不均匀,铸造时会产生较大的内应力。为了保证其加工后精度的稳定性,在毛坯铸造后可安排一次人工时效处理,以改善加工性能,消除内应力。人工时效消除应力的工艺规范为:加热到 530~560℃,保温 6~8h,冷却速度小于或等于 530℃/h,出炉温度小于或等于 200℃。通常,对普通精度箱体,一般在毛坯铸造后安排一次人工时效即可;而对于一些高精度的箱体或形状特别复杂的箱体,应在粗加工之后再安排一次人工时效处理,以消除粗加工所造成的内应力,进一步提高箱体的加工精度和稳定性。箱体人工时效除采用加热保温的方法外,也可采用振动时效。

4. 组合式箱体应先组装后镗孔

当箱体是两个零件以上的组合式箱体时,若孔系位置精度高,又分布在各组合件上,则应先加工各接合面,再进行组装,然后镗孔,以避免装配误差对孔系精度的影响。

5. 采用组合机床集中工序

在大批量生产时,孔系加工可采用组合机床集中工序进行,以保证质量、提高效率、降低成本。此时,要考虑的是将相同或相似的加工工序以及有相互位置关系的工序,尽量集中在一台机床或一个工位上完成;当工件刚性差时,可把集中工序的一些加工内容从时间上错开,而不是同时加工;粗、精加工应尽可能不在同一台机床上、同一工位上进行。

一、实施环境

理实一体化教学车间或普通教室。

二、实施步骤

对图 5-1 所示落料凹模零件进行工艺过程设计。

任务 5.4 机械加工工艺卡编制

知识目标:

1. 了解平面零件的常用夹具;
2. 熟悉平面零件的定位与安装;
3. 掌握平面零件的切削参数。

能力目标：
1. 能够依据零件技术要求进行定位基准确定；
2. 能够进行关键工序切削参数计算；
3. 能够编制机械加工工艺卡。

1. 平面类零件平面采用何种工艺方案加工？采用何种设备和刀具加工？
2. 平面类零件的加工顺序如何安排？
3. 平面类零件的加工工艺方案有几种？哪种方案最佳？为什么？

常用的平面加工设备有铣床、刨床、平面磨床等；孔加工设备有钻床、镗床等；既能加工平面，又能加工孔的组合机床。

一、铣床及铣削加工

铣床的用途广泛，可以加工各种平面、沟槽、齿槽、螺旋形表面、成型表面等。铣床及铣削加工相关知识见任务3.4知识导航。

二、刨床及刨削加工

刨削加工是用刨刀对零件做水平直线往复运动的切削加工方法。刨床是完成刨削加工的必需设备，常用刨床有牛头刨床和龙门刨床两种类型。

1. 牛头刨床

牛头刨床是刨削类机床中应用最广泛的一种，它适宜刨削长度不超过1000mm的中小型零件。牛头刨床的主要参数是最大刨削长度。

牛头刨床因其滑枕刀架形似"牛头"而得名，牛头刨床的外形如图5-15所示。牛头刨床主要由刀架、滑枕、床身、横梁、工作台等部件组成。

工作台用来安装零件，并带动零件做横向和垂向运动。

刀架用来安装刨刀并带动刨刀沿一定方向移动，其结构如图5-16所示。调整转盘，可使刀架左右回转60°，用以加工斜面或斜槽。摇动手柄可使刀架沿转盘上的导轨移动，使刨刀垂直间歇进给或调整切削深度。松开转盘两边的螺母，将转盘转动一定角度，可使刨刀做斜向间歇进给。刀座可在滑板上做±15°范围内回转，使刨刀倾斜安置，以便加工侧面和斜面。刨刀通过刀夹压紧在抬刀板上，抬刀板可绕刀座上的轴销向前上方向抬起，便于在回程时抬起刨刀，以防擦伤零件表面。

滑枕带动刨刀做往复直线运动，其前端装有刀架。

床身的顶面有水平导轨，滑枕沿此做往复运动。在前侧面有垂直导轨，横梁带动工作台沿此升降。床身内部有变速机构和摆杆机构。

横梁带动工作台做横向间歇进给或横向移动，也可带动工作台升降，以调整零件与刨刀的相对位置。

模块五　平面类零件机械加工工艺编制及实施

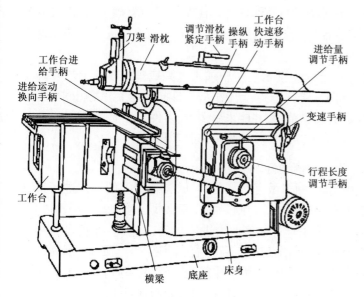

图 5-15　牛头刨床结构图

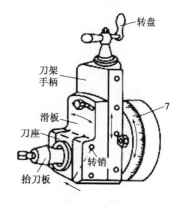

图 5-16　牛头刨床刀架

2. 龙门刨床

龙门刨床是一种大型刨床，属于大型机床之一。龙门刨床的主要参数是最大刨削宽度，另一主要参数是最大刨削长度。

龙门刨床的主运动是工作台沿床身水平导轨所做的直线往复运动。进给运动是刀架的横向或垂直方向的直线运动。

龙门刨床主要由床身、工作台、立柱、横梁、垂直刀架、侧刀架和进给箱等组成，如图 5-17 所示。床身的两侧固定有立柱，两立柱由顶梁连接，形成结构刚性较好的龙门框架。横梁装有两个垂直刀架，可分别做横向和垂直方向进给运动及快速调整移动。横梁可沿立柱做升降移

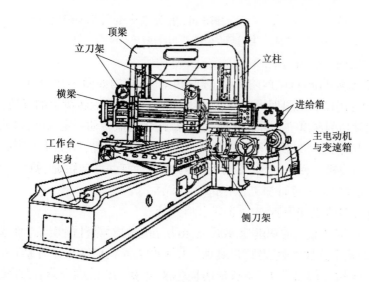

图 5-17　龙门刨床结构图

—179—

动,用来调整垂直刀架的位置,以适应不同高度的零件加工。横梁升降位置确定后,由夹紧机构夹紧在两个立柱上。左右立柱分别装有侧刀架,可分别沿垂直方向做自动进给和快速调整移动,以加工侧平面。

龙门刨床的刚性好、功率大、适合在单件小批量生产中加工大型或重型零件上的各种平面、沟槽和各种导轨面,也可以在工作台上一次装夹多个中小型零件同时加工。龙门刨床如采用宽刃刨刀进行精刨,则可以提高平面的加工精度,并能采用多刀、多件加工提高其生产率。

3. 刨削加工

刨削加工主要用于对零件上的平面或沟槽进行加工。

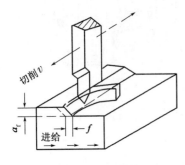

图 5-18 刨削运动

刨削时,刨刀做直线往复移动,工作台上的零件进行移动进给来完成切削加工。刨刀的往复直线运动为主运动,方向与之垂直的零件的间歇移动为进给运动,如图 5-18 所示。刨削的主要特点是断续切削。因为主运动是往复直线运动,切削只在刀具前进时进行,称为工作行程;回程时不进行切削,此时刨刀抬起,以便让刀,避免损伤已加工表面并减少刀具磨损。

刨刀的形状类似车刀,构造和刃磨简单。根据加工内容不同可分为平面刨刀、偏刀、角度偏刀、切刀和弯切刀等,如图 5-19所示。

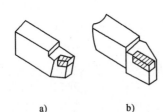
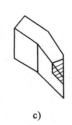
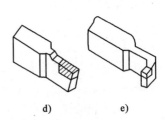

图 5-19 刨刀

a)平面刨刀;b)偏刀;c)角度偏刀;d)切刀;e)弯切刀

(1)平面刨刀:用来刨削平面。

(2)偏刀:用来刨削垂直面、台阶面和外斜面。

(3)角度偏刀:用来刨削角度形工件、燕尾槽和内斜槽。

(4)切刀:用来刨削直角槽、沉割槽,并具有切断作用。

(5)弯切刀:用来刨削 T 形槽和侧面割槽。

刨削可以适应多种表面的加工,如可对各类平面、垂直面、台阶面、斜面、直槽、T 形槽、V 形槽、燕尾槽及成型表面等进行加工,如图 5-20 所示。

刨削加工的工艺特点如下:

(1)加工质量:刨削加工的切削速度低,但由于在刨刀对零件的切入、切出时有较大的冲击和振动现象,影响了其加工表面质量,其加工精度和表面粗糙度与铣削大致相当。刨削加工平面的尺寸公差等级一般可达 IT9 ~ IT7,表面粗糙度 Ra 为 3.2 ~ 1.6μm,直线度较高,可达 0.08 ~ 0.04mm/m。刨削加工质量能满足一般零件的质量要求。但是,在精度高和刚度好的龙门刨床上,使用宽刃细刨刀以很低的切削速度进行精刨,可提高刨削的加工质量,在刨床上加工床身、箱体等平面,容易保证各表面之间的位置精度。

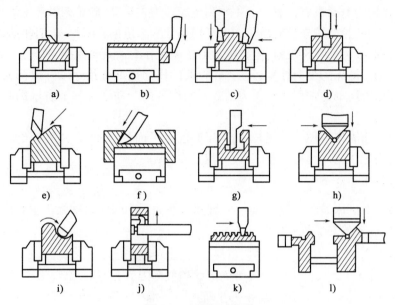

图 5-20 刨削加工类型

a)刨平面;b)刨垂直面;c)刨台阶面;d)刨直角沟槽;e)刨斜面;f)刨燕尾形工件;g)刨 T 形槽;h)刨 V 形面;i)刨曲面;j)刨孔内键槽;k)刨齿条;l)刨复合面

(2)生产效率:由于刨床一般只采用单刃刨刀进行加工,又由于刨削时的直线往复主运动,不仅限制了切削速度的提高,而且空行程又显著降低了切削效率,因此在大多数情况下其生产效率较低。但是,对于窄长平面,刨削加工能充分发挥直线运动的优势,生产率较高,或在龙门刨床上采用多件、多刀刨削,也可以获得较高的生产效率。

(3)加工成本:刨床结构简单,操作调整方便;刨刀为简单单刃刀具,制造和刃磨容易,成本低廉。因此,刨削加工的成本明显低于铣削加工的成本。

(4)加工范围:刨削加工的工艺范围窄,仅局限于平面、直线形成型面和平面形沟槽,特别适用于加工窄长平面。刨削加工一般适用于单件小批量生产和修配生产。

三、平面磨床及平面磨削

平面磨床用于平面的磨削加工。平面磨床按工作台的形状分为矩台和圆台两类;按砂轮架主轴布置形式分为卧轴与立轴两类;按砂轮磨削方式分为周磨和端磨两种。平面磨床主要用来对各种零件的平面进行精加工。常用的平面磨床有卧轴矩台平面磨床及立轴圆台平面磨床。

1.卧轴矩台平面磨床

卧轴矩台平面磨床如图 5-21 所示。卧轴矩台平面

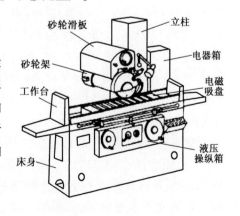

图 5-21 卧轴矩台平面磨床

磨床的砂轮轴处于水平位置,磨削时砂轮的周边与零件的表面接触,磨床的工作台为矩形。

卧轴矩台平面磨床主要由砂轮架、立柱、工作台及床身等部件组成。砂轮安装在砂轮架的主轴上,砂轮主轴由电动机直接驱动。主轴高速旋转为主运动;砂轮架沿燕尾形导轨移动实现周期性横向进给;砂轮架沿立柱导轨移动实现周期性垂直进给;零件一般直接防止在电磁工作台上,靠电磁铁的吸力把零件吸紧;电磁吸盘随机床工作台一起安装在床身上,沿床身导轨做纵向复进给运动。磨床的纵向往复运动和砂轮架的横向周期进给运动一般都采用液压传动,砂轮架的垂直进给运动通常用手动。为了减轻操作者的劳动强度和节省辅助时间,磨床还备有快速升降机构。

卧轴矩台平面磨床的加工范围较广,除了磨削水平面外,还可以用砂轮的端面磨削沟槽、台阶面等。磨削加工的尺寸精度较高,表面粗糙度值比较小。

2. 立轴圆台平面磨床

立轴圆台平面磨床如图 5-22 所示。立轴圆台平面磨床的砂轮轴处于垂直位置,磨床的工作台为圆形,由砂轮的端面进行磨削。

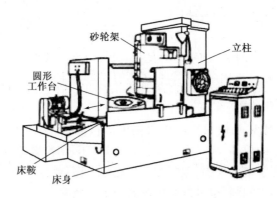

图 5-22　立轴圆台平面磨床

立轴圆台平面磨床主要由砂轮架、立柱、工作台及床鞍等部件组成。圆形工作台装在床鞍上,它除了做旋转运动实现圆周进给外,还可随同床鞍一起沿床身导轨快速趋进或退离砂轮,以便装卸零件;砂轮架可沿立柱导轨移动实现砂轮的垂直周期进给,还可做垂直快速调整以适应磨削不同高度零件的需要;砂轮的高速旋转为主运动。

立轴圆台平面磨床采用端面磨削,圆形工作台的旋转为圆周进给运动,砂轮与零件的接触面积大。由于连续磨削时没有卧轴矩台平面磨床工作台的换向时间损失,故生产效率较高,但尺寸精度较低,表面粗糙度值较大,工艺范围也比较窄。立轴圆台平面磨床常在大批量生产中磨削一般精度的零件或粗磨铸、锻毛坯件。

3. 平面磨削

常见的平面磨削方式如图 5-23 所示。

(1)周磨:如图 5-23a)、c)所示,砂轮的周边为磨削工作面,砂轮与零件的接触面积小,摩擦发热小,排屑及冷却条件好,零件受热变形小,且砂轮磨损均匀,所以加工精度较高。但是,砂轮主轴处于水平位置,呈悬臂状态,刚性较差;因不能采用较大的磨削用量,故生产效率较低。

模块五 平面类零件机械加工工艺编制及实施

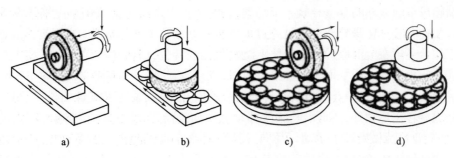

图 5-23 平面磨削工艺

（2）端磨：如图 5-23b)、d) 所示，用砂轮的端面作为磨削工作面。端磨时，砂轮轴伸出较短，磨头架主要承受轴向力，所以刚性较好，可以采用较大的磨削用量；另外，砂轮与零件的接触面积较大，同时参加磨削的磨粒数较多，生产率较高。但是，由于磨削过程中发热量大，冷却条件差，脱落的磨粒及磨屑从磨削区排出比较困难，所以零件热变形大，表面易烧伤；此外，由于砂轮端面沿径向个点的线速度不等，使砂轮磨损不均匀，因此磨削质量比周磨时较差。

四、钻床及钻削加工

钻床是孔加工机床，主要用于加工外形复杂、没有对称回转轴线的工件，如各种杆件支架、板件和箱体等零件上的孔。多用于加工直径不大且精度要求不高的孔。钻床及钻削加工相关知识见任务 2.3、任务 2.4 知识导航。

五、镗床及镗削加工

镗床时用镗刀对零件已有的预制孔进行镗削的机床。通常，镗刀旋转为主运动，镗刀或零件的移动为进给运动。

镗床按结构和用途的不同可分为卧式镗床、落地镗铣床、金刚镗床和坐标镗床等类型。

1．卧式镗床

卧式镗床是应用最多、性能最广的一种镗床，使用于单件小批量生产和修理车间。如图 5-24 所示为卧式镗床。

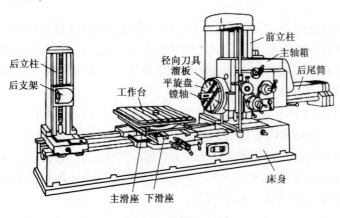

图 5-24 卧式镗床

主轴箱可沿前立柱的垂直导轨上下移动,以实现垂直进给运动或调整主轴线在垂直方向的位置。工作台装在床身导轨上并可通过下滑座和上滑座在纵向和横向实现进给运动和调位运动。工作台还可在上滑座的环形导轨上绕垂直轴线转位,以便在零件一次安装中对其互相平行或成一定角度的孔或平面进行加工。机床上还具有坐标测量装置,以实现主轴箱和工作台的准确定位。加工时,刀具可以装在镗轴前端的锥孔中,或装在平旋盘的径向刀具溜板上。镗轴除完成旋转主运动外,还可沿其轴线移动做轴向进给运动(由后尾筒内的轴向进给机构完成)。平旋盘只能做旋转主运动。径向刀具溜板除可随平旋盘一起旋转外,还能做径向进给运动。镗杆伸出较长时,可用后支架支承。后支架可沿后立柱的垂直导轨与主轴箱同步升降,以保证其支承孔与镗轴在同一轴线上。为适应不同长度的镗杆,后立柱还可沿床身导轨调整纵向位置。

卧式镗床因其工艺范围非常广泛而得到了普遍的应用,尤其适合大型、复杂的箱体类零件的孔加工。卧式镗床除镗孔以外,还可车端面、铣平面、车外圆、车螺纹等。一般情况下,在卧式镗床上零件可在一次安装中完成大量的加工工序。

2. 金刚镗床

金刚镗床是一种高度镗床,它因以前采用金刚石镗刀而得名,现在已经广泛使用硬质合金刀具。这种机床的特点是以很小的进给量和很高的切削速度进行加工,因此可以加工出精度达 IT7~IT6、表面粗糙度 Ra 达 $0.2~0.05\mu m$。金刚镗床主要用于大批量生产中加工精密孔。

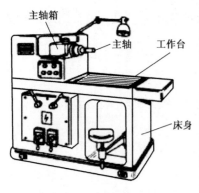

图 5-25 单面卧式金刚镗床

图 5-25 所示为单面卧式金刚镗床的外形。这种机床由主轴箱、工作台和床身等主要部件组成。工作台沿床身导轨座平稳地低速纵向移动,以实现进给运动。金刚镗床的主轴短而粗,主轴部件的刚性较好,主轴的传动平稳无振动。金刚镗床的种类很多,按其布局可分为单面、双面和多面的,按主轴的方位可分为立式、卧式和倾斜式的,按其主轴的数量可分为单轴、双轴及多轴的,可根据工件的加工要求选用。

3. 坐标镗床

坐标镗床是一种高度镗床,主要用于加工尺寸精度和位置精度都要求很高的孔或孔系。坐标镗床除了按坐标尺寸镗孔以外,还可以钻孔、扩孔、铰孔、锪端面;铣平面和沟槽,用坐标测量装置作精密刻线和划线,进行孔距和直线尺寸的测量等。坐标镗床的特点是:有精密的坐标测量装置,实现工件孔和刀具轴线的精确定位(定位精度可达 $2\mu m$);机床主要零部件的制造和装配精度很高;机床结构有良好的刚性和抗震性,并采取了抗热变形措施;机床对使用环境和条件有严格要求。坐标镗床主要用于工具车间工模具的单件小批量生产。

坐标镗床的坐标测量装置是保证机床加工精度的关键。常用的坐标测量装置有带校正尺的精密丝杠坐标测量装置、精密刻线尺—光屏读数器坐标测量装置和光栅坐标测量装置,还有感应同步器测量装置、激光干涉测量装置等。

坐标镗床有立式单柱、立式双柱和卧式等主要类型。图 5-26 所示为立式单柱坐标镗床,工作台可在滑座的导轨上做纵向移动,也可随滑座在床身的导轨上做横向移动,这两个方向均有坐标测量装置。主轴箱固定在立柱上,主轴套筒可做轴向进给。这种机床的尺寸较小,其主要参数(工作台面宽度)小于 630mm。图 5-27 所示为立式双柱坐标镗床,其工作台只沿床身的导轨做纵向移动,主轴在横坐标方向的移动由主轴箱沿横梁上的导轨的移动来完成。横梁可沿立柱的导轨做上、下调整。这种机床的两根立柱与顶梁和床身组成框架结构,并且工作台的层次少,接合面少,所以刚度高。大、中型坐标镗床常采用这种双柱式布局。图 5-28 所示为卧式坐标镗床,这类镗床的结构特点是主轴水平布置,装夹工件的工作台由下滑座、上滑座及可做精密分度的回转工作台组成。镗孔坐标由下滑座沿床身导轨的纵向移动和主轴箱沿立柱导轨的垂直方向移动来确定。进行孔加工时,可由主轴轴向移动完成进给运动,也可由上滑座移动完成。卧式坐标镗床具有较好的工艺性能,工件高度一般不受限制,且装夹方便,利用工作台的分度运动,可在工件一次装夹中完成多方向的孔和平面的加工。所以,近年来这类坐标镗床应用越来越广泛。

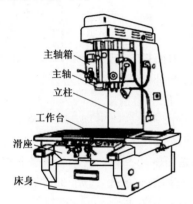

图 5-26 立式单柱坐标镗床

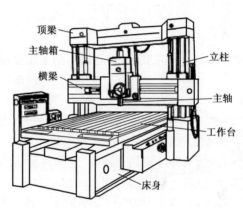

图 5-27 立式双柱坐标镗床

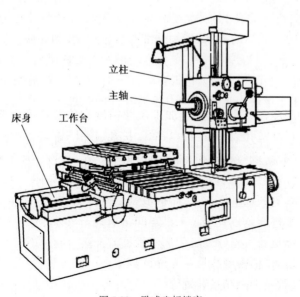

图 5-28 卧式坐标镗床

4. 镗削加工

在镗床上进行切削加工称为镗削。镗削加工时,刀具做旋转切削主运动,刀具或零件做轴向进给运动。镗削可以加工外形复杂的大型零件上直径较大的孔或由较高位置精度要求的孔和孔系,如机座、箱体、支架等,具有适应性较强、加工精度较高、技术难度较大和生产率较低等特点,多用于成批生产(图5-29)。镗削的工艺特点如下:

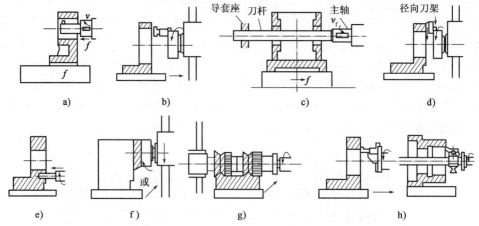

图5-29 卧式镗床的主要加工方法

a)镗孔(一);b)镗孔(二);c)镗孔(三);d)车端面;e)钻孔;f)铣平面;g)铣组合面;h)车内孔或内螺纹

(1)镗削的适应性较强。镗削可在钻孔、铸出孔和锻出孔的基础上进行。其可达的尺寸公差等级和表面粗糙度值的范围较广;除直径很小且较深的孔以外,各种直径和各种结构类型的孔几乎均可镗削。镗床主要用以镗削大中型支架或箱体的支承孔、内槽和孔的端面;镗床也可用来钻孔、扩孔、铰孔、铣槽和铣平面。镗床上除了可以镗孔外,还可以进行钻孔、扩孔、铰孔、铣平面和端面、镗削内螺纹等。

(2)镗削可有效地校正原孔的位置误差,但由于镗杆直径受孔径的限制,一般其刚性较差,易弯曲和振动,故镗削质量的控制(特别是细长孔)不如铰削方便。

(3)镗削的生产率低,因为镗削需用较小的切深和进给量进行多次走刀以减小刀杆的弯曲变形,且在镗床和铣床上镗孔需调整镗刀在刀杆上的径向位置,故操作复杂、费时。

(4)镗削广泛应用于单件小批量生产中各类零件的孔加工。在大批量生产中,镗削支架和箱体的轴承孔需用镗模。

在零件已有的孔上进行扩大孔径的加工方法称为镗孔,它是常用的孔加工方法之一。

镗孔可分为粗镗、半精镗、精镗和精细镗。经粗镗的孔,其尺寸精度可达IT12～IT11,表面粗糙度 Ra 可达 25～12.5μm。半精镗能修正粗镗留下的表面缺陷、尺寸和形位误差,使切削表面达到一定的加工精度。经半精镗后,加工表面能获得IT10～IT9的加工精度,表面粗糙度 Ra 可达 6.3～3.2μm。经过精镗后,加工表面尺寸精度可达IT8～IT7,表面粗糙度 Ra 可达 1.6～0.8μm。精细镗多采用金刚石镗刀,又称为金刚镗,精细镗后,其加工精度可达IT7～IT6,表面粗糙度 Ra 可达 0.4～0.2μm。

镗孔除了能提高尺寸精度和表面质量外,还可以修正原孔的轴线偏斜等误差,获得较高的孔位置精度,所以特别适于对精度要求高的箱体零件的孔系加工。由于镗杆尺寸受零件孔径的限制,刚性较差,加工时不宜采用太大的切削用量,同时在加工过程中必须通过调刀来达到孔径所要求的精度,因而镗孔生产率较低。但是镗刀结构简单,通用性强,在单件小批量生产中,镗孔是较经济的孔加工方法之一,特别是对于直径在100mm以上的大孔,镗孔几乎是唯一的精加工方法;在大批量生产时为减少调刀时间,可采用镗模板,以提高生产效率。

5. 镗刀

镗刀种类很多,按切削刃数量可分为单刃镗刀和双刃镗刀。

1) 单刃镗刀

单刃镗刀适用于孔的粗、精加工,其切削效率低,对工人的操作技术要求高。加工小直径孔的镗刀通常制作成整体式,加工大直径孔的镗刀可制作成机夹式。图 5-30 所示为机夹式单刃镗刀。它的镗杆可长期使用,可节省制造镗杆的工时和材料。镗刀头通常制作成正方形或圆形,以正方形镗刀为主。镗杆不宜太细、太长,以免切削时产生振动。

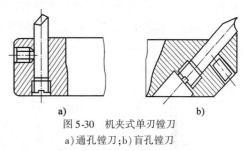

图 5-30　机夹式单刃镗刀
a) 通孔镗刀;b) 盲孔镗刀

由于机夹镗刀调整较费时间,精度不易控制,因此在坐标镗床、自动线和数控机床上常使用微调镗刀。它具有结构简单、制造容易、调节方便、调节精度高等优点。图 5-31 所示为单刃微调镗刀的结构。带有精密螺纹的圆柱形镗刀头插在镗刀杆的空中,导向键起定位与导向作用。带刻度的调整螺母与镗刀头螺纹精确配合,并在镗刀杆的圆锥面上定位。紧固螺钉通过垫圈将镗刀头拉紧固定在镗刀杆中。镗孔时,可通过调整螺母对镗刀头的径向尺寸进行微调。

2) 双刃镗刀

双刃镗刀就是镗刀的两端有一对对称的切削刃同时参与切削,切削时可以消除径向切削力对镗杆的影响,零件孔径的尺寸精度由镗刀来保证。常用的有固定式镗刀和浮动式镗刀。

(1) 固定式镗刀。高速钢固定式双刃镗刀块如图 5-32 所示,也可制成焊接式或可转位式硬质合金镗刀。固定式镗刀用于粗镗或半精镗直径大于 40mm 的孔。工作时,镗刀可通过楔块或者在两个方向倾斜的螺钉等夹紧在镗杆上。安装后,镗刀块相对于轴线的不垂直、不平行与不对称,都会造成孔径扩大,因此,镗刀块与镗杆上方孔的配合要求较高,方孔对轴线的垂直度与对称度误差不大于 0.01mm。

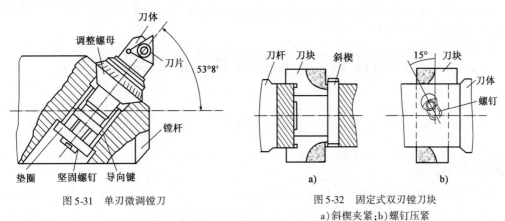

图 5-31　单刃微调镗刀　　　　图 5-32　固定式双刃镗刀块
　　　　　　　　　　　　　　　　a) 斜楔夹紧;b) 螺钉压紧

(2）浮动式镗刀。浮动式镗刀刀片的直径尺寸可在一定范围内调节。镗孔时,浮动式镗刀装入镗杆的方孔中,不需夹紧,在两侧切削刃上切削力的作用下自由浮动,以消除由刀具安装误差、机床主轴偏差造成的加工误差,可获得较高的尺寸精度(IT7~IT6)及表面质量。加工铸件时表面粗糙度 Ra 为 $0.8 \sim 0.2 \mu m$,加工钢件时表面粗糙度 Ra 为 $1.6 \sim 0.4 \mu m$,但它无法纠正孔的直线度误差和位置度误差,因而要求预加工孔的直线性好,表面粗糙度 Ra 不大于 $3.2 \mu m$。浮动镗刀结构简单、刃磨方便,但操作费事,加工孔径不能太小,镗杆上方孔制造较难,切削效率低于铰削,因此适用于单件小批量生产加工直径较大的孔,特别使用于精镗孔径较大($d > 200mm$)而深的($L/d > 5$)筒件和管件孔。

浮动式镗刀可分为整体式、可调焊接式和可转位式三种类型。图 5-33 为可调焊接式和可转位式浮动镗刀。

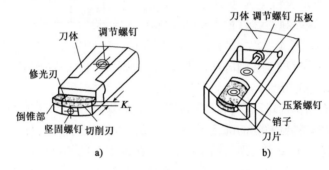

图 5-33 浮动式双刃镗刀
a)可调焊接式；b)可转位式

一、实施环境

理实一体化教学车间或普通教室。

二、实施步骤

依据图 5-1 所示落料凹模零件图编制零件机械加工工艺卡。

辅线任务　平面类零件的加工与检测

任务 5.5　平面类零件的加工与检测

1. 掌握保证平面类零件加工技术要求的方法；
2. 掌握平面类零件中孔径、形状精度和位置精度的测量方法。

1. 平面类零件位置精度如何保证?
2. 平面类零件孔径、形状精度和位置精度的测量工具和方法有哪些?

一、平面类零件的装夹方法

平面类零件的主要工艺任务是加工平面和各种内孔,通常是在刨床(或铣床和平面磨床)、镗床(或车床)上进行。其常见的装夹方法有以下几种:

1. 按划线找正装夹

当毛坯形状复杂、误差较大时,可用划线分配余量,按划线找正装夹持。工件先根据粗基准划线,然后安放在机床工作台上,用划线(装在机床主轴或床头上)按划线位置,用垫铁、压板、螺栓等工具将它夹压在工作台上,进行平面或孔加工。图5-34 所示是工件在镗床上按1、2、3三个划线方向校正装夹。

划线找正装夹增加了划线工序,而且需要技术水平较高的工人,操作费事费时,加工误差也大,故只适用于单件小批量生产。

2. 简单定位元件装夹

简单定位元件是指定位用平板、平尺、角铁和V形铁等。工作前先将定位元件装在机床工作台上,用表校正(使定位元件工作面与机床纵横进给运动方向平行或垂直)或装上工件试刀以调整定位元件的位置并坚固。以后工件的加工,就只需按简单定位元件定位,再用压板、螺栓等工具压紧即可。图5-35 所示为在铣床上用平板和平尺以两个已加工面定位加工垂直面。

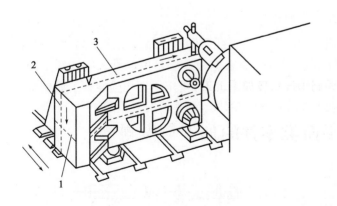

图5-34 工件按三个划线方向找正装夹

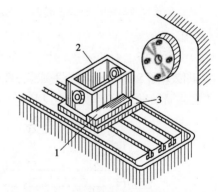

图5-35 工件用简单定位元件在铣床上定位

这种装夹方法一般用在工件已有1~3个已加工表面的情况下。它简单、方便、成本低,一套定位元件对多种工件都可使用,但定位的可靠性差,工件的装卸比较费时,适用于单件小批量生产。

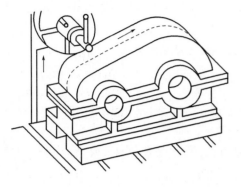

3. 划线与简单定位元件配合使用装夹

这种方法通常是以一个已加工表面作为主要定位基准，将工作安放在简单定位元件上，再用装在机床主轴或机头上的划针，按划线找正工件其余方向的位置，然后夹紧。图 5-36 所示为将工件已加工面装在平板上，按划线找正后压紧进行镗孔。

4. 采用夹具装夹

采用夹具装夹时，工件定位可靠，装卸迅速方便，便箱体类零件夹具一般比较复杂、庞大、成本高，且制造周期长，因此只适用于成批大量生产、精度要求较高的箱体类零件。

图 5-36　划线与简单定位元件配合使用装夹

二、平面类零件的检验

1. 平面类零件的主要检验项目

通常平面类零件的主要检验项目有：各加工表面的表面粗糙度以及外观、孔距精度、孔与平面的尺寸精度及形状精度、孔系的位置精度（孔轴线的同轴度、平行度、垂直度，孔轴线与平面的平行度、垂直度等）。

表面粗糙度值要求较小时，可用专用测量仪检测；较大时一般采用与标准样块比较或目测评定。外观检查只需根据工艺规程检查完工情况及加工表面有无缺陷即可。孔的尺寸精度一般采用塞规检验。当需要确定误差的数值或单件小批量生产时，用内径千分尺和内径千分表等进行检验；若精度要求很高时，也可用气动量仪检验（示值误差达 1.2～0.4）。平面的直线度可用平尺和厚薄规检验，也可用水平仪与桥板检验；平面的平面度可用水平仪与桥板检验，也可用标准平板涂色检验。

2. 平面类零件孔系位置精度及孔距精度的检验

用检验棒检验同轴度是一般工厂最常用的方法。当孔系同轴度精度要求不高时，可用通用的检验棒配上检验套进行检验，如图 5-37 所示。如果检验棒能自由地推入同轴线上的孔内，即表明孔的同轴度符合要求；当孔系同轴度精度要求高时，可采用专用检验棒。若要确定孔之间同轴度的偏差数值，可利用图 5-38 所示的方法，用检验棒和百分表检验。

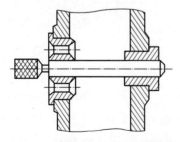　　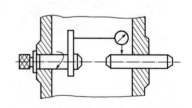

图 5-37　用检验棒与检验套检验同轴度　　图 5-38　用检验棒与百分表检验同轴度偏差

对于孔距、孔轴线间的平行度、孔轴线与端面的垂直度检验，也可利用检验棒、千分尺、百分表、90°角尺及平台等相互组合进行测量。当孔距的精度要求不高时，可直接用游标卡尺检验，如图5-39a)所示；当孔距精度要求较高时，可用心轴与千分尺检验，如图5-39b)所示，还可以用心轴与量规检验。孔的轴线对基面的平行度可用图5-40a)所示方法检验；将被测零件直接放在平台上，被测轴线由心轴模拟，用百分表（或千分表）在测量心轴两端，其差值即为测量长度内轴心线对基面的平行度误差。孔轴线之间的平行度常用图5-40b)所示方法进行检验；将被测箱体的基准轴线与被测轴线均用心轴模拟，百分表（或千分表）在垂直于心轴的轴线方向上进行测量。首先调整基准轴线与平台平行，然后测被测心轴两端的高度，则测得的差值即为测量长度内孔轴线之间的平行度误差。测量孔轴线与端面的垂直度时，可以在被测孔内装上模拟心轴，并在模拟心轴一端装上百分表（或千分表），让百分表测量头垂直于端面并与端面接触，将心轴旋转一周，即可测出检验范围内孔与端面的垂直度误差；还可将带有检验圆盘的心轴插入孔内，用着色法检验圆盘与端面的接触情况，或者用厚薄规检查圆盘与端面的沟隙 Δ，也可确定孔轴线与端面的垂直度误差。

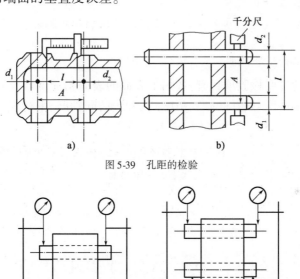

图5-39 孔距的检验

图5-40 孔平行度的检验

学习情境5　平面类零件的加工

知识目标：
1. 了解机床发展史、机床的分类、机床的组成及工作过程；
2. 掌握机床的坐标系、操作机床的步骤；

3. 掌握选择平板加工所用刀具的几何参数与切削用量的方法；
4. 掌握加工平板所用的量具和夹具的使用方法；
5. 掌握6S的定义和目的；
6. 掌握零件质量检测和工作过程评价的方法。

能力目标：
1. 能够读懂并分析图纸上的技术要求；
2. 能够根据技术要求拟订工艺路线；
3. 能够拟订工夹量具清单；
4. 能够查阅手册并计算切削参数；
5. 能够填写平板加工工艺卡片；
6. 能够正确装夹工件和掌握使用工量具的方法；
7. 能够运用设备加工平板零件；
8. 能够分析平板加工缺陷造成的原因和掌握应采取的解决措施；
9. 总结在平板加工中的经验和不足之处；
10. 掌握如何通过精加工来保证零件尺寸。

素养目标：
1. 小组长代表本组在全班展示平板的加工成果，各组成员说明在加工中遇到的问题及解决方案，训练学生的表达能力；
2. 查阅技术资料，对学习与工作进行总结反思，能与他人合作，进行有效沟通；
3. 车间卫生及机床的保养要符合现代6S管理目标。

一、信息（创设情境、提供资讯）

工作情景描述：

××公司需生产模具零部件30件，指派我公司利用现有设备完成30件平面零件的加工任务，生产周期10天。

接受任务后，借阅或上网查询有关的资料，完成以下任务：
(1) 填写产品任务单；
(2) 编制平面零件加工工艺，填写机械工艺卡片；
(3) 运用设备批量加工生产平面零件；
(4) 编制质量检验报告；
(5) 填写工作过程自评表和互评表。

1. 零件图样

零件图样见图5-1。

2. 任务单

产品任务单见表5-1。

模块五 平面类零件机械加工工艺编制及实施

产品任务单　　　　　　　　　　　　　　　表 5-1

序号	单位名称			完成时间	
	产品名称	材料	生产数量	技术标准、质量要求	
1					
2					
3					
生产批准时间					
通知任务时间					
接单时间			接单人	生产班组	

3. 任务分工

明确小组内部情景角色,如小组组长、书记员、报告员、时间控制员和其他组员,填写表 5-2。

任务分工　　　　　　　　　　　　　　　表 5-2

子任务：

序号	角色	职责	人员	备注
1	组长	协调内部分工和进度		
2	报告员	口头报告		
3	书记员	书面记录		
4	控制员	控制时间		
5	组员	配合组长执行任务		
6	组员	配合组长执行任务		

二、计划(分析任务、制订计划)

(1)检查零件图是否有漏标尺寸或尺寸标注不清楚,若发现问题请指出。

(2)查阅资料,了解并说明落料凹模的用途和作用。

(3) 说明本任务中加工零件应选择的毛坯材料、种类和尺寸(用毛坯简图表示),并说明其切削加工性能、热处理及硬度要求,填写表 5-3。

计 划 制 订　　　　　　　　　　　　　　表 5-3

1. 毛坯选择方案	
材　　料	
毛坯种类	
2. 毛坯尺寸确定(毛坯图)	

(4) 分析零件图样,并在表 5-4 中写出该零件的主要加工尺寸、几何公差要求及表面质量要求。

设 计 内 容　　　　　　　　　　　　　　表 5-4

序　号	项　目	内　容	偏差范围
1	主要结构要素		
2	次要结构要素		
3	主要加工尺寸		
4			
5			
6	形位公差要求		
7			
8			
9			
10			

续上表

序 号	项 目	内 容	偏差范围
11	表面质量要求		
12			
13			
14			
15			
16	结构工艺性		

(5)以小组为单位,讨论该零件的定位基准,合理拟订该零件的工艺路线(表5-5)。

拟 订 工 艺 路 线　　　　　　　表5-5

1.定位基准分析		
粗基准		
精基准		

2.机械加工工艺路线拟订

工艺路线1：

工艺路线2：

续上表

3.工艺路线论证分析
论证:
结论:

(6)根据图样要求,选择合适的刀具,并拟订刀具清单(表5-6)。

刀具清单　　　　　　　　　　　　　　　　　　表5-6

序号	名称	规格	数量	用途

(7)拟订加工该零件所用的工量具清单,并进行准备,填写表5-7。

工量具清单　　　　　　　　　　　　　　　　　表5-7

序号	名称	规格	数量	用途

三、决策(集思广益、作出决定)

(1) 说明什么是机械加工工艺规程,以及其在工业生产中的意义。

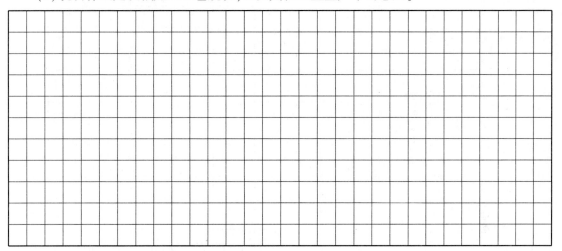

(2) 查阅机械手册,计算关键工序切削参数。

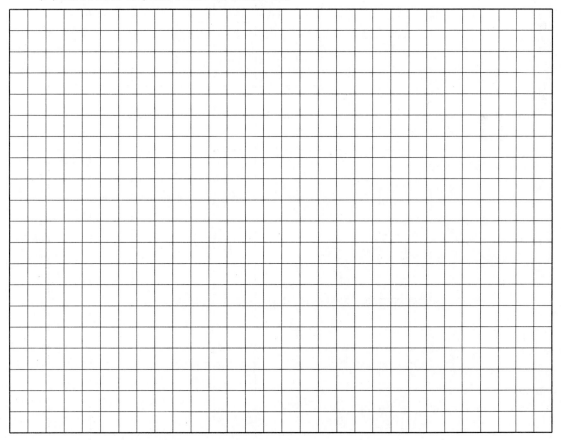

(3) 根据工艺路线和刀具表,填写机械加工工艺卡(表5-8)。

表 5-8 机械加工工艺卡片

单位		产品型号		零件图号			共 页	
		产品名称		零件名称			第 页	
材料牌号	毛坯种类	毛坯尺寸		零件单件质量(kg)			工艺简图	
工序号	工序名称	工步号	工序、工步内容	程序号	设备型号	工艺装备	切削参数	
						夹具	刀具与刀号	量具
							主轴转速	进给速度	背吃刀量

四、实施(分工合作、沟通交流)

1. 车床安全操作规程

1) 安全操作基本注意事项

(1) 工作时穿好工作服、安全鞋,戴好工作帽及防护镜,注意:不允许戴手套操作机床。

(2) 不要移动或损坏安装在机床上的警告标牌。

(3) 不要在机床周围放置障碍物,工作空间应足够大。

(4) 某一项工作如需要两人或多人共同完成时,应注意相互间的协调一致。

(5) 不允许采用压缩空气清洗机床、电气柜及 NC 数控单元。

2) 工作前的准备工作

(1) 机床开始工作前要有预热,认真检查润滑系统工作是否正常,如机床长时间未开动,可先采用手动方式向各部分供油润滑。

(2) 使用的刀具应与机床允许的规格相符,有严重破损的刀具要及时更换。

(3) 调整刀具,所用工具不要遗忘在机床内。

(4) 大尺寸轴类零件的中心孔是否合适,中心孔如太小,工作中易发生危险。

(5) 刀具安装好后应进行一两次试切削。

(6) 检查卡盘夹紧状态。

(7) 机床开动前,必须关好机床防护门。

3) 工作过程中的安全注意事项

(1) 禁止用手接触刀尖和铁屑,铁屑必须要用铁钩子或毛刷来清理。

(2) 禁止用手或其他任何方式接触正在旋转的主轴、工件或其他运动部位。

(3) 禁止加工过程中测量、变速,更不能用棉丝擦拭工件,也不能清扫机床。

(4) 车床运转中,操作者不得离开岗位,发现机床异常现象立即停车。

(5) 经常检查轴承温度,过高时应找有关人员进行检查。

(6) 在加工过程中,不允许打开机床防护门。

(7) 严格遵守岗位责任制,机床由专人使用,他人使用须经本人同意。

(8) 工件伸出车床 100mm 以外时,须在伸出位置设防护物。

4) 工作完成后的注意事项

(1) 清除切屑、擦拭机床,使用机床与环境保持清洁状态。

(2) 注意检查或更换磨损的机床导轨上的油擦板。

(3) 检查润滑油、冷却液的状态,及时添加或更换。

(4) 依次关掉机床操作面板上的电源和总电源。

2. 6S 职业规范

6S 的定义及目的:

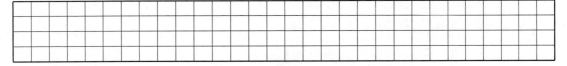

3. 制订组员分工计划(含坯料准备、工位准备、工具准备、加工实施、6S 等方面)

制订组员分工计划,填写表5-9。

分 工 计 划　　　　　表5-9

序　号	计划内容	人　员	时间(分钟)	备　注
1	坯料准备			
2	工位准备			
3	工量刀具准备			
4	加工实施			
5	监督、6S			

4. 领取材料并进行加工前准备

(1) 以情境模拟的形式,到材料库领取材料,并填写领料单(表5-10)。

领　料　单　　　　　表5-10

填表日期:　年　月　日				发料日期:　年　月　日		
领料部门			产品名称及数量			
领料单号			零件名称及数量			
材料名称	材料规格及型号	单位	数量		单价	总价
			请领	实发		
						领料部门
						主管
						领料数量
材料说明用途		材料仓库	主管		发料数量	

(2) 领取毛坯料,并测量外形尺寸,判断毛坯是否有足够的加工余量。

(3) 根据工量具清单和刀具清单准备工量刀具。

(4) 给相关部位加注润滑油,检查油标。

5. 启动加工设备,运用加工设备加工零件

(1) 叙述开机步骤和对刀方法,并在机床上练习。

(2)叙述粗、精加工对转速及进给量的要求,并说明原因。

五、控制(查漏补缺、质量检测)

(1)明确检测要素,组内检测分工(表5-11)。

检测要素与分工　　　　　　　　表5-11

序　号	检测要素	检测人员	工　量　具

(2)按照评分标准进行零件检测(表5-12)。

零件检测评分表　　　　　　　　　　　　　　　　　　　　表5-12

项目与配分		序号	技术要求	配分	评分标准	自测记录	得分	互测记录
工件加工评分（70%）	外形轮廓	1		20	超差全扣			
		2		10	超差全扣			
		3		10	每错一处扣2分			
		4		10	超差全扣			
		5		10	超差0.01mm扣3分			
		6		10	每错一处扣1分			
程序或工艺(20%)		7	加工工艺卡	10	不合理处每处扣2分			
机床操作（10%）		8	机床操作规范	5	出错一次扣2分			
		9	工件、刀具装夹	5	出错一次扣2分			
安全文明生产（倒扣分）		10	安全操作	倒扣	安全事故停止操作或酌扣5~30分			
		11	6S	倒扣				

工件编号：　　　　总得分：

(3)根据检测结果,小组讨论和分析产生废品的原因及预防措施并填写表5-13。

废品产生原因及预防措施　　　　　　　　　　　　　　　　表5-13

项目	废品种类	产生原因	预防措施

六、评价(总结过程、任务评估)

(1)小组按照评分标准进行工作过程自评(表5-14)。

工作过程评价小组自评表　　　　　　　　　　　　　　　　表5-14

班级		组名		日期	年　月　日
评价指标	评价要素			分数	分数评定
信息检索	能有效利用网络资源、工作手册查找有效信息;能用自己的语言有条理地去解释、表述所学知识;能对查找到的信息有效转换到工作中			10	
感知工作	是否熟悉各自的工作岗位,认同工作价值;在工作中,是否获得满足感			10	

续上表

班级		组名		日期	年　月　日
参与状态	与教师、同学之间是否相互尊重、理解、平等；与教师、同学之间是否能够保持多向、丰富、适宜的信息交流			10	
	探究学习、自主学习不流于形式，处理好合作学习和独立思考的关系，做到有效学习；能提出有意义的问题或能发表个人见解；能按要求正确操作；能够倾听、协作分享			10	
学习方法	工作计划、操作技能是否符合规范要求；是否获得了进一步发展的能力			10	
工作过程	遵守管理规程，操作过程符合现场管理要求；平时上课的出勤情况和每天完成工作任务情况；善于多角度思考问题，能主动发现、提出有价值的问题			15	
思维状态	是否能发现问题、提出问题、分析问题、解决问题、创新问题			10	
自评反馈	按时按质完成工作任务；较好地掌握了专业知识点；具有较强的信息分析能力和理解能力；具有较为全面严谨的思维能力并能条理明晰表述成文			25	
		自评分数			
有益的经验和做法					
总结反思建议					

(2)小组之间按照评分标准进行工作过程互评(表5-15)。

工作过程评价小组互评表　　　　　　　　　　　　　　　　　　表5-15

班级		被评组名	日期		年　月　日
评价指标	评价要素		分数	分数评定	
信息检索	该组能否有效利用网络资源、工作手册查找有效信息		5		
	该组能否用自己的语言有条理地去解释、表述所学知识		5		
	该组能否对查找到的信息有效转换到工作中		5		
感知工作	该组能否熟悉自己的工作岗位，认同工作价值		5		
	该组成员在工作中，是否获得满足感		5		
参与状态	该组与教师、同学之间是否相互尊重、理解、平等		5		
	该组与教师、同学之间是否能够保持多向、丰富、适宜的信息交流		5		
	该组能否处理好合作学习和独立思考的关系，做到有效学习		5		
	该组能否提出有意义的问题或能发表个人见解；能按要求正确操作；能够倾听、协作分享		5		
	该组能否积极参与，在产品加工过程中不断学习，综合运用信息技术的能力提高很大		5		

续上表

班级		被评组名		日期		年　月　日	
学习方法	该组的工作计划、操作技能是否符合规范要求				5		
	该组是否获得了进一步发展的能力				5		
工作过程	该组是否遵守管理规程,操作过程符合现场管理要求				5		
	该组平时上课的出勤情况和每天完成工作任务情况				5		
	该组成员是否能加工出合格工件,并善于多角度思考问题,能主动发现、提出有价值的问题				15		
思维状态	该组是否能发现问题、提出问题、分析问题、解决问题、创新问题				5		
自评反馈	该组能严肃认真地对待自评,并能独立完成自测试题				10		
互评分数							
简要评述							

(3)教师按照评分标准对各小组进行任务工作过程总评(表5-16)。

任务工作过程总评表　　　　　　表5-16

班级			组名		姓名		
出勤情况							
一	信息	口述任务内容并分组分工	1.表述仪态自然、吐字清晰	5	表述仪态不自然或吐字模糊扣1分		
			2.表述思路清晰、层次分明、准确,分组分工明确		表述思路模糊或层次不清扣2分,分工不明确扣2分		
二	计划	依据图样分析工艺并制订相关计划	1.分析图样关键点准确	10	表述思路或层次不清扣2分		
			2.制订计划及清单清晰合理		计划及清单不合理扣3分		
三	决策	制订加工工艺	制订合理工艺	9	一处工步错误扣1分,扣完为止		
四	实施	加工准备	1.工具(扳手、垫刀片)、刀具、量具准备	3	每漏一项扣1分		
			2.机床准备(电源、冷却液)		没有检查扣1分		
			3.资料准备(图纸)		实操期间缺失扣1分		
			4.以情境模拟的形式,体验到材料库领取材料,并完成领料单	2	领料单填写不完整扣1分		
		加工	1.正确选择、安装刀具	5	选择错误扣1分,扣完为止		
			2.查阅资料,正确选择加工参数	5	选择错误扣1分,扣完为止		
			3.正确实施零件加工无失误(依据零件评分表)	40			
		现场	1.在加工过程中保持6S、三不落地	5	每漏一项扣1分,扣完此项配分为止		
			2.机床、工具、量具、刀具、工位恢复整理	5	每违反一项扣1分,扣完此项配分为止		

续上表

班级			组名			姓名		
五	控制		正确读取和测量加工数据并正确分析测量结果		5	能自我正确检测工件并分析原因,每错一项,扣1分,扣完为止		
六	评价	工作过程评价	1. 依据自评分数		3			
			2. 依据互评分数		3			
七		合计			100			

拓展训练项目导入

任务对象:图 5-41 为凸模固定板零件图,生产类型为中等批量生产,材料为 45 钢。

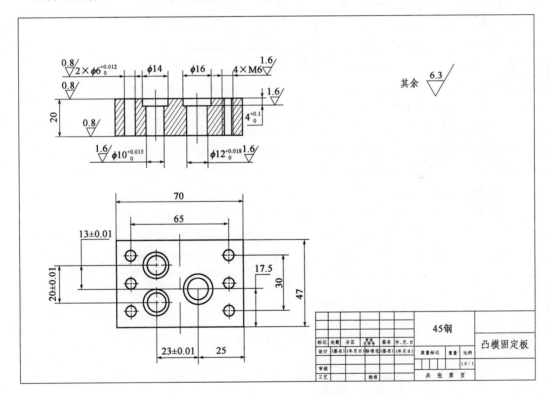

图 5-41 凸模固定板零件图

任务要求:完成图 5-41 所示凸模固定板零件的机械加工工艺文件编制,填写凸模固定板机械加工工艺卡;条件允许的情况下操作机床加工零件,并进行零件的质量分析和检测,验证编制工艺的合理性。

参 考 文 献

[1] 倪森寿.机械制造工艺与装备[M].北京:化学工业出版社,2008.
[2] 陈明.机械制造技术[M].北京:北京航空航天大学出版社,2001.
[3] 卢建波.机械零部件的制造[M].重庆:重庆大学出版社,2009.
[4] 任常春.金属材料及机械制造工艺[M].西安:西安电子科技大学出版社,2009.
[5] 雒运强.实用机械加工测量技巧450例[M].北京:化学工业出版社,2008.
[6] 周湛学.机械零件精度测量及实例[M].北京:化学工业出版社,2009.
[7] 陈宏钧.实用机械加工工艺手册[M].北京:机械工业出版社,1996.
[8] 王喜祥.常用工夹具典型图册[M].北京:国防工业出版社,1993.
[9] 陈家芳.典型零件机械加工工艺与实例[M].上海:上海科学技术出版社,2010.
[10] 傅水根.机械制造工艺基础[M].北京:清华大学出版社,2010.
[11] 田兴林.机械切削工人实用手册[M].北京:化学工业出版社,2019.
[12] 陈明.机械制造工艺学[M].北京:机械工业出版社,2012.
[13] 徐勇.机械制造工艺及夹具设计[M].北京:北京大学出版社,2011.
[14] 朱凤霞.机械制造工艺学[M].武汉:华中科技大学出版社,2019.
[15] 柳青松.机械制造工艺与机床夹具[M].北京:化学工业出版社,2019.
[16] 方昆凡.公差与配合实用手册[M].北京:机械工业出版社,2012.
[17] 马敏莉.机械制造工艺编制及实施[M].北京:清华大学出版社,2016.
[18] 张淑娟.公差配合与技术测量[M].北京:清华大学出版社,2018.
[19] 卢志珍.机械测量技术[M].北京:机械工业出版社,2011.
[20] 任嘉卉.实用公差与配合技术手册[M].北京:机械工业出版社,2014.
[21] 方勇.工程材料与金属热处理[M].北京:机械工业出版社,2019.
[22] 奚旗文.机械图样的识读与绘制[M].北京:电子工业出版社,2016.